David Weilerberg
**Schnelles Geld**

David Weilerberg

# Schnelles Geld

## Wie einfach man reich werden kann

Econ

Econ ist ein Verlag
der Ullstein Buchverlage GmbH

ISBN: 978-3-430- 20175-9

# Inhalt

# Der ewige Traum vom schnellen Reichtum

Arm am Beutel, krank am Herzen,
Schleppt' ich meine langen Tage.
Armuth ist die größte Plage,
Reichthum ist das höchste Gut!
Und, zu enden meine Schmerzen,
Ging ich, einen Schatz zu graben.
Meine Seele sollst du haben!
Schrieb ich hin mit eignem Blut.
**Johann Wolfgang von Goethe**

Die Recherchen für dieses Buch haben mir einiges abverlangt. Meine Seele habe ich zwar nicht verkaufen müssen, wie es Goethe in *Der Schatzgräber* formuliert hat. Und diese Zeilen sind auch nicht mit Blut geschrieben, aber über meinen Schatten musste ich schon einige Male springen. Auf der Suche nach dem großen Geld habe ich mich in Erdlöcher abgeseilt, 60 Meter in die Tiefe, ohne Sicherheitsvorkehrungen und alleine, abhängig von einem brasilianischen Minenarbeiter, den ich erst Minuten zuvor zum ersten Mal in meinem Leben getroffen hatte. Ich habe auf Knien nach Schätzen im deutschen Waldboden gesucht, immer in der Angst, anstatt auf römische Münzen auf amerikanische Blindgänger zu hacken. Ich habe Postkarten an Frauenzeitschriften geschickt und mich auf jede noch so seltsame Fernsehsendung beworben, wenn es dort nur irgendwie Geld zu gewinnen gab. Auf Außenstehende muss ich irgendwo zwischen wahnsinnig und verzweifelt gewirkt haben. Aber warum habe ich all das auf mich genommen?

Der wahre Grund ist schon ein paar tausend Jahre alt. Es sollen die Phönizier gewesen sein, die ungefähr 500 vor Christus das Geld erfanden. »Aber warum nur so wenig?«, fragte sich schon im 19. Jahrhundert der österreichische Dramatiker Johann Nepomuk Nestroy, und spricht damit wohl den meisten von uns aus der Seele. Denn wenn es eine Konstante in der Geschichte gibt, dann die, dass die Menschen dem Geld hinterherjagten und für einen ordentlichen Schatz auch Gott, König und Vaterland zu vergessen bereit waren. Wahrscheinlich hat es nach der Prägung der ersten Münzen nicht viel mehr als einen Tag gedauert, bis die ersten von uns sich darüber Gedanken machten, wie sie möglichst viele davon ansammeln konnten. Und zwar möglichst ohne großen Aufwand. Und vor allem möglichst schnell.

Es ist daher kaum verwunderlich, dass sich unter den 20 erfolgreichsten Büchern aller Zeiten mit Napoleon Hills *Denke und werde reich* aus dem Jahre 1937 eines befindet, das dieses

Ziel schon im Titel trägt. 60 Millionen verkaufte Exemplare, nur unbedeutend weniger als *Der kleine Prinz* und mehr als Dan Browns *Da Vinci-Code*, sprechen eine deutliche Sprache. In jenem kleinen Band geht es allerdings vor allem um die mentalen Voraussetzungen, um die richtige Einstellung, die es braucht, um reich zu werden. Die Frage nach dem Wie bleibt unbeantwortet. Und genau darum soll es auf den nächsten Seiten gehen.

Um die verschiedenen Möglichkeiten, schnell an Geld zu kommen, richtig bewerten zu können, lohnt sich ein kurzer Blick zurück. Hätte man den einfachen Menschen die Frage nach dem Weg zum schnellen Reichtum noch in der Mitte des 19. Jahrhunderts gestellt, sie hätten höchstens eine Antwort gewusst: auswandern, und im besten Falle einen Klumpen Gold finden, irgendwo in der neuen Welt. Die Möglichkeiten, in Europa sein Glück zu machen, waren noch durch die Geburt vorgegeben. Wer in einer armen Bauernfamilie auf die Welt kam, blieb in der Regel sein Leben lang ein armer Bauer. In den immer wiederkehrenden Kriegszeiten und während der schlimmen Dürren war die Frage nicht, wie man schnell reich wird, sondern wie man überhaupt überlebt. Noch dazu herrschten die Preußen mit harter Hand über weite Teile Mitteleuropas. Glücksspiele und Lotterien waren – wenn überhaupt – den herrschenden Schichten vorbehalten; eine Börse im heutigen Sinne, an der grundsätzlich jeder sein Glück versuchen kann, existierte noch nicht.

Seitdem hat sich einiges zum Positiven gewendet. Ich glaube fest daran, dass es noch nie in der Menschheitsgeschichte so viele Möglichkeiten gab wie heute, schnell zu Geld zu kommen. Und zwar ohne, dass man dafür in die richtigen Kreise einheiraten, die besten Schulnoten erreichen oder die Verhaltensweisen des alten Geldes lernen und imitieren muss, um in gehobene Kreise aufzusteigen. Die Technisierung und Digitalisierung, die Globalisierung und die Liberalisierung gehen Hand in Hand und ermöglichen jedem Menschen Chancen, wie sie sich unsere Vorfahren nicht hätten träumen lassen. Wer hätte etwa gedacht, dass es eines Tages Menschen geben wird, die zu Hause an ihrem Computer sitzen, sich nicht rasieren und vielleicht noch nicht einmal duschen, mit keinem anderen Menschen reden und trotzdem – legal – schnell richtig gutes Geld machen, egal ob an der Börse, mit Sportwetten oder beim Poker?

Das ganze Leben ist ja irgendwie ein Spiel, bei dem nur der Ausgang gewiss ist: Am Ende verliert man zwar sowieso, aber bis dahin soll es doch Spaß machen. Und das geht nun mal nur, wenn man auf der Sonnenseite steht. Ich bin nicht bereit, mein Leben lang jedes Mal gegen Monatsende mit zittrigen Händen aufs Konto zu schauen, immer schon ahnend, dass der Anblick bedrückend sein dürfte. Ich will etwas von der Welt sehen, mir keine Sorgen machen müssen, ob es später mit der Rente reicht. Vor allem aber will ich nicht davon abhängig sein, ob der Staat mir tatsächlich genug zum Leben lässt, oder doch immer wieder neue Wege findet, sich das Wenige, was die meisten von uns haben, auch noch einzuverleiben. Ich will schnelles Geld machen. Und zwar möglichst viel davon. Und mit diesem Ziel bin ich losgezogen und habe mir die verschiedensten Möglichkeiten angeschaut.

Zwangsläufig stellte sich dabei die Frage nach der Grenze für meine Unternehmungen. Was wollte ich riskieren? Wie viel wollte und konnte ich investieren? Was war ich bereit aufzugeben? Wo wäre ich bereit zu leben, wenn das die Voraussetzung für den großen Geldsegen wäre? Manche der Fragen konnte ich erst im Nachhinein beantworten. Bei anderen war es klarer. So gibt es etwa Möglichkeiten, mit der Waffe in der Hand zu Geld zu kommen. Zum Beispiel, indem man bei der französischen Fremdenlegion anheuert. Das ist zwar auf den ersten Blick nicht besonders gut bezahlt, aber man häuft schnell eine ordentliche Summe an, weil man gar nicht dazu kommt, das verdiente Geld auszugeben. Nach ein paar Jahren hat man einiges an Kilometern rund um die Welt zurückgelegt, ist auf dem ständig wachsenden Markt für Sicherheitsdienstleistungen gefragt, wird von seriösen und weniger seriösen Unternehmen aus der ganzen Welt umworben und bekommt außerdem auf Wunsch einen französischen Pass, was für viele Südamerikaner, Afrikaner oder Asiaten die größte Motivation für den Beitritt zur Legion sein dürfte. Mir bringt der allerdings überhaupt nichts. Und auch die Chance, ein ganz neues Leben zu beginnen, gut herumzukommen und ganz nebenbei auch noch etwas für meinen Teint zu tun, wiegt die Chance auf eine Kugel im Kopf, irgendwo in Mauretanien, nicht auf. Für mich sind solche Kriegsspielereien nichts. »Make money, not war«, ist da mein selbst kreierter Wahlspruch. Waffen waren also von vornherein tabu.

Darüber hinaus standen nur legale Möglichkeiten zur Debatte. Als erfolgreicher Mafioso, skrupelloser Zuhälter, gut gebuchter Auftragskiller oder filigraner Falschmünzer lässt sich sicher schnell Geld verdienen. Die limitierende Nebenbedingung ist allerdings, dass man in derlei Branchen kaum sicher sein kann, dass man lange genug lebt – oder zumindest auf freiem Fuß ist –, um dessen Vorzüge genießen zu können. Und im Übrigen tauge ich nicht zum Kriminellen. Ich schlafe schon schlecht, wenn ich nur bei einer kleinen Notlüge Gefahr laufe, aufzufliegen. Wie würde das wohl aussehen, wenn ich damit rechnen müsste, dass mir ernsthaft jemand an den Kragen will? Nicht auszudenken, mit was für Augenringen ich schon nach kürzester Zeit herumlaufen würde! Und außerdem habe ich einfach keine Lust, anderen Menschen Leid zuzufügen. Nein, ich will mein Geld sauber verdienen. Clever? Gerne. Möglichst anstrengungslos? Sofort. Kriminell und zum Schaden anderer? Nein, danke.

Noch ein weiteres Feld hatte ich im Voraus für mich ausgeschlossen. Die Rede ist von all jenen Spielen, bei denen es einzig und allein um Glück – oder besser: Zufall – geht, ohne irgendwelche Möglichkeiten, die Chancen zu seinen Gunsten zu verbessern. Im Englischen steht der Begriff *fortune* zwar gleichermaßen für Glück wie für Reichtum. Was wiederum kein Zufall ist, herrscht doch in weiten Teilen der Bevölkerung die Überzeugung vor, dass man es zu großem Geld nur unter Beanspruchung der Glücksgöttin Fortuna und ihrer Fähigkeiten bringen kann. Und natürlich *kann* man auch mit reinem Glücksspiel reich werden. Wer seine 10 000 Euro schwere Erbschaft beim Roulette im ersten Versuch auf die richtige Zahl setzt, geht mit 350 000 Euro nach Hause. Immer unter der Bedingung, dass man danach nicht auf die blöde Idee kommt, das Glück einmal mehr erzwingen zu wollen und alles wieder verspielt. Sehr viel wahrscheinlicher ist aber, dass man es anstatt mit schnellem Geld mit einer schnellen Pleite zu tun bekommt. Wer sich auf reine Glücksspiele einlässt, nicht zum Spaß, sondern um damit Geld zu verdienen, geht mit einem Messer zu einer Schießerei. Mögliche kurzfristige Gewinne werden über die Zeit wieder aufgefressen und dienen eigentlich nur dazu, die Illusion am Leben zu halten.

Reines Glücksspiel, bei dem man keine Chance hat, Einfluss auf sein Schicksal zu nehmen, ist also das Gegenteil des schnellen Geldes, um das es in diesem Buch gehen soll. Und genau deshalb halte ich mich davon fern – bis auf eine kleine Ausnahme, die Lotterie, aber die Gründe dafür werden noch deutlich. Das alles heißt aber natürlich nicht, dass ich nicht ab und an heimlich still und leise einen sehnsüchtigen Blick nach oben werfe, wenn ich ein gutes Blatt in der Hand habe, irgendwo meinen Spaten in die Erde stecke oder das Telefon klingelt und ich hoffe, dass ein solventer Kunde am Apparat ist. Nur: Ich vertraue nicht auf die Hilfe von oben, sondern will es auch selbst schaffen.

Was sind denn nun die grundsätzlichen Möglichkeiten, schnell zu Geld zu kommen? Ich habe vier Ansätze identifiziert, die zumindest die Wahrscheinlichkeit erhöhen. Da ist zunächst das *Risiko*: Je mehr man davon einzugehen bereit ist, desto eher findet man jemanden, der bereit ist, diese Risikobereitschaft ordentlich zu entlohnen. Das Problem am Risiko:

Es ist eben nicht risikofrei. Man haftet für Fehler mit allem, was man hat, bis hin zum Leben. Das ist sicher nichts für jeden. Ganz anders verhält es sich mit dem *Glück*, auf das man nicht nur – wie oben beschrieben – hofft, sondern das man mit allerlei Hilfsmitteln zu erzwingen versucht. Ganz ohne körperliches Risiko – aber eben auch ohne Garantie. Oder stimmt das etwa gar nicht? Wir werden es sehen. Dann gibt es da noch das *Handwerk*. Aber nicht das, was man üblicherweise darunter versteht. Ich meine eher so etwas wie gewisse Fingerfertigkeiten, Dinge, die man sich vielleicht antrainieren kann, besondere geistige Fähigkeiten, die einem helfen, an der richtigen Stelle mit dem riesigen Löffel vor dem Topf mit dem großen Geld zu stehen. Und dann bleiben noch die *kommunikativen Fähigkeiten* zu erwähnen, die es Menschen erlauben, in Interaktion mit ihren Artgenossen an schnelles, gutes Geld zu kommen. Welche Möglichkeiten gibt es da? Und kann man das lernen? Am Ende des Buches wissen wir mehr.

Natürlich wird im Verlauf des Buches auch der eine oder andere Konflikt deutlich. Gibt es innerhalb des legalen Rahmens bessere und schlechtere Möglichkeiten, schnell zu Geld zu kommen? Wahrscheinlich würden die meisten Menschen das mit »Ja« beantworten und ehrliche Arbeit, den selbst erarbeiteten Reichtum, als Königsdisziplin nennen. Zumindest bis zu dem Tag, an dem wir selbst den Lotto-Jackpot abgeräumt haben. »Bei ons gibt's koi Glück, da wird geschafft!« – mit diesen Worten wird in einer Karikatur aus dem Jahre 1958 die Glücksgöttin Fortuna an der Grenze zu Schwaben vom Zöllner zurückgewiesen. Damals wurde im Ländle heftig diskutiert, ob man denn nun dem Lotto – und damit dem Glücksspiel an sich –, das im Rest des Landes gerade den Durchbruch gefeiert hatte, die Türen öffnen wolle, oder nicht. Selbst wenn inzwischen auch die Schwaben ganz selbstverständlich regelmäßig ihre Kreuze machen, steht die Karikatur doch für einen ganz grundsätzlichen Konflikt, der wahrscheinlich in jedem von uns schwelt – oder gar lodert.

Nicht alles auf eine Karte zu setzen, kontrolliert vorgehen – oder eben: eine gewisse Spießigkeit bewahren, wie man es auch nennen könnte. Das ist übrigens nicht unbedingt hinderlich auf dem Weg zum Erfolg, weil es zunächst einmal hilft, den radikalen Misserfolg zu verhindern. Das versteht man ganz schnell, wenn man sich die Beispiele einiger der größten Geister aller Zeiten anschaut, gesammelt von Michael Kohtes in seinem Buch *Va Banque*[i], die dem schnellen Geld mit allem, was sie hatten, hinterherjagten – und dabei famos bankrottierten. Der große Violinist Paganini etwa vergeigte mehr Geld an den Spieltischen dieser Welt, als er jemals ergeigen konnte. Gotthold Ephraim Lessing wischte Hinweise, seine Spielleidenschaft bringe ihn nicht nur um sein Geld (das ließ er unbestritten), sondern auch um seine Gesundheit, mit der Bemerkung ins Abseits, nur das leidenschaftliche Spiel setze seine »stockende Maschine in Tätigkeit« und bringe seine »Säfte in Umlauf«. Der Komponist Prokofjew musste aufgrund horrender Spielschulden seinem geliebten Paris den Rücken kehren. Schriftsteller Dostojewski erging es in Wiesbaden kaum anders. Er verzockte in Rekordzeit sein Vermögen und musste in dem Kurstädtchen dann tatsächlich Diät halten. Nicht aber aus gesundheitlichen Gründen oder Überzeugung, sondern mangels Geld. Für Mahlzeiten reichte es im edlen Victoria-Hotel nicht mehr, der Herr stieg auf Tee um. Und auch Romancier Tolstoi suchte sein Glück in der Kurstadt Baden-Baden und notierte nach gerade einmal zwei Tagen pflichtbewusst in sein Tagebuch: »Roulette bis sechs Uhr abends. Alles verloren.«[ii] Dieses Schicksal will ich mir natürlich ersparen.

Wer jetzt ob dieses Ansinnens immer noch mit moralischen Bedenken um die Ecke kommt, den kann ich beruhigen. Geld an sich ist nicht schmutzig. Wenig Geld nicht, viel Geld aber auch nicht. Was man am Ende damit anstellt, ist nicht Gegenstand dieses Buches. Aber auch die gute Tat braucht Menschen mit Geld, egal ob es nun um den Brunnenbau in Afrika, die Erinnerungskultur in Deutschland oder den Schutz bedrohter Tiere auf der ganzen Welt geht. Und selbst wenn man sich dafür entscheidet, den neu gewonnenen Reichtum in großen Teilen einfach für Konsum zu nutzen, sich teure Schuhe, Taschen oder Autos zu kaufen, kann man sich auf die positiven Auswirkungen auf die Volkswirtschaft und die Staatseinnahmen beziehen und ganz nebenbei den großen französischen Philosophen Voltaire zitieren, der schon zu seiner Zeit das markante Bonmot formulierte, das Überflüssige sei eine höchst notwendige Sache. Und Voltaire muss es wahrlich wissen, wie wir später noch sehen werden. Ebenso wie der große deutsche Börsenphilosoph André Kostolany, an dessen Ausruf wir uns im weiteren Verlauf dieses Buches orientieren wollen: »Wenn's um Geld geht, gibt's nur ein Schlagwort: Mehr!«[iii]

# Volles Risiko –
# Das eigene Leben
# als Einsatz

*Zum Reichtum führen viele Wege.*
*Und die meisten sind schmutzig.*
**Cicero**

Gibt es denn überhaupt seriöse Wege, ohne absolute Hochbegabung mit ehrlicher Arbeit gutes Geld zu machen? Einige historische Beispiele dafür gibt es auf jeden Fall. Und fast immer hatten sie mit Rohstoffen zu tun, fast immer auch mit hohen Risiken, bis hin zur Gefahr für das eigene Leben. Und fast immer ging es schmutzig zu, aber eben nicht auf das Verhalten bezogen, sondern darauf, dass man die großen Werte oftmals im Dreck findet. Aber eins nach dem anderen.

Der Abbau von Edelsteinen war in Deutschland, insbesondere im Hunsrück, lange Zeit ein sehr einträgliches Geschäft. Zwar weniger für die, die selber gruben. Aber durchaus für diejenigen, die an den Hebeln der weiteren Verwertungskette saßen. Die kleine Edelsteinstadt Idar-Oberstein kam im 18. und 19. Jahrhundert weltmännisch daher wie kaum eine deutsche Metropole – und diese Blüte hatte sie vor allem den Achaten, Amethysten und anderen edlen Steinen zu verdanken, die damals in der Gegend gefunden wurden und auch heute durchaus noch gefunden werden können. Irgendwann allerdings, nachdem die ersten Steinladungen aus Brasilien den Weg in die alte Welt gefunden hatten, konzentrierte man sich auf Verarbeitung und Handel. Und was in Südamerika heute noch zu holen ist, habe ich mir vor Ort angeschaut, und dabei mehr riskiert, als ich zunächst gedacht hätte.

Unweigerlich fallen einem natürlich auch die Goldsucher ein, die seit Jahrhunderten all ihre Kraft, ihre Gesundheit, ihr ganzes Leben zur Disposition stellen, in der Hoffnung, mit dem einen großen Fund aller Sorgen ledig zu sein – oder doch zumindest von dem Gefundenen besser leben zu können, als von einer anderen Tagelöhnerei. Was kaum einer weiß: Die Goldsucherei trieb zwischenzeitlich nicht nur zahllose Menschen in den »Wilden Westen« Nordamerikas, sondern durchaus auch an die Ufer der deutschen Flüsse, allen voran des Rheins. »Rheingold«, das ist nicht nur der Name der berühmten Oper von Richard Wagner, sondern steht für das tatsächlich im Rheinsand zu findende Gold. Bis zu 400 Goldsucher sollen um

1830 in Baden aktiv gewesen sein, die den Fluten durchaus einige Kilo des edlen Metalls abringen konnten.

Heutzutage wird Gold industriell abgebaut – doch je nachdem, wo der Goldpreis gerade steht, schaffen es noch nicht einmal die großen Explorationsfirmen mit ihrem enormen Aufwand, Gewinne zu erwirtschaften. Sich das genauer anzuschauen ergibt also keinen Sinn. Aber da gibt es ja noch Öl, das schwarze Gold, den Schmierstoff der Welt. Dieser wird immer knapper und kann nur noch unter Aufbringung permanenter technischer Innovationen gefördert werden, und zwar an teilweise weit abgelegenen Standorten. Die Leute auf Ölplattformen müssten nicht viel können und würden extrem gut bezahlt, hat man mir zugetragen. Stimmt das? Und falls ja, warum? Ich habe mich dem Thema natürlich angenommen.

Und dann gibt es ja noch eine ganz andere Form von »Boden-Schätzen«, nämlich diejenigen, die von Menschen unter die Erde gebracht wurden. Eine Flaschenpost mit Schatzkarte habe ich zwar nicht aus den Fluten der Nordsee gefischt, aber da muss doch auch so etwas zu machen sein. Und zwar zu Wasser und zu Land. Und weil ein Schatz ja ohne Gold kein richtiger Schatz ist, werde ich also doch noch zum Goldgräber, wenn auch anders als gedacht.

# 1
## Die Magie der Steine

*Den Edelstein, das allgeschätzte Gold*
*muß man den falschen Mächten abgewinnen,*
*die unterm Tage schlimmgeartet hausen.*
*Nicht ohne Opfer macht man sie geneigt,*
*und keiner lebet, der aus ihrem Dienst*
*die Seele hätte rein zurückgezogen.*
**Friedrich von Schiller**

Aufgewachsen in Idar-Oberstein im Hunsrück hatte ich sie immer um mich herum: Edelsteine. Lange Zeit hat mich das Thema allerdings überhaupt nicht interessiert. Erst als ich im Stadtarchiv auf Berichte aus dem 19. Jahrhundert stieß, in denen die Auswanderer aus der Gegend in blumigen Worten erzählten, wie sie in Brasilien die wertvollen Steine, die man in der Heimat nur noch mit großem Aufwand fand, einfach nur von den Feldern auflesen mussten, war mein Interesse geweckt. Offensichtlich steckte in dem ganzen Business auch noch jenseits der Touristen, die die Edelsteine in großer Zahl in die Gegend lockten, irgendwie richtig Geld. Ich begann mich also umzuhören – und war erstaunt darüber, was mir alles über die Jahre verborgen geblieben war.

Kein Experte würde bestreiten, dass die Farbedelsteine im Bereich der Bodenschätze das letzte große Abenteuer sind. Alle anderen Rohstoffe werden inzwischen mit wissenschaftlicher Unterstützung industriell erschlossen, die Märkte für Diamanten oder Edelmetalle sind hoch reguliert. Nur Smaragde, Rubine und Co bewahren viele ihrer Geheimnisse immer noch für sich. Die Suche ist bis heute vor allem aufwendig, gefährlich und irgendwie auch Glückssache. Die Zahl der wirklich hochkarätigen Steine ist so klein, dass bei einzelnen Steinsorten Preise jenseits des Diamantenmarktes erzielt werden. Ein Karat, das sind gerade einmal 0,2 Gramm. Und für die kann man bei einem guten Paraíba-Turmalin, einer besonders seltenen und weitgehend erschöpften Art des Turmalins in wunderbar strahlenden Blau- und Grüntönen, schon einmal 40 000 Dollar bezahlen. Das hört sich doch nach einem guten Geschäft an, ein Fünfkaräter im Jahr würde mir ja schon reichen.

Es gibt viele Länder, in denen sich einzelne Steinsorten in besonders großer Zahl oder besonders hoher Qualität finden: Rubine in Burma, Opale in Australien oder Tansanite in Tansania. Der beste Ausgangspunkt für die Suche scheint mir aber immer noch Brasilien zu sein. Es ist und bleibt das Land mit der größten Vielfalt und der längsten Geschichte im Edelsteingeschäft. Vier Wochen habe ich mir gegeben, um herauszufinden, ob man mit Edelsteinen schnelles Geld verdienen kann. Oder besser gesagt: immer noch schnelles Geld verdienen kann. Unterstützt werde ich dabei von meinem Freund und Geschäftspartner Florian, der aus einer Hunsrücker Edelstein-Familie stammt, und die Kenntnisse mitbringt, die mir bis dahin noch fehlen. Gemeinsam machen wir uns also auf den Weg nach Südamerika.

Unser erster Stopp ist Minas Gerais im Zentrum des Landes. Unweit von den Metropolen São Paulo und Rio de Janeiro sowie Salvador da Bahia gelegen, trägt dieser Bundesstaat nicht ganz zufällig das Wort »Mine« schon im Namen, gilt er doch gleichermaßen als das Zentrum für den Gold-, Diamant- und Farbedelsteinabbau. Während man sich für die Suche nach Gold eher in den südlichen Teil und für die Suche nach Diamanten eher in den westlichen Teil der Region begibt, schlägt das Herz des Edelsteingeschäfts zwischen den Orten mit den klingenden

Namen Teófilo Otoni und Governador Valadares im Osten. Und was sich nach tiefster Provinz anhört, ist es auch.

Kaum angekommen, geht es mit unserem Kontaktmann weiter. Odulio gehört zu den wenigen renommierten Gemmologen, also Experten für Edelsteinkunde, weltweit und begleitet uns nach São José da Safira, einem kleinen Ort zwei Stunden außerhalb von Governador Valadares. Dort fühlt man sich von jeglichem Luxus unendlich weit entfernt. Das wissen wir aber zum Zeitpunkt der Abfahrt noch nicht, als wir gemeinsam mit Odulio ins Auto von Pedro steigen, dem Besitzer der Mine, die wir besuchen wollen. Da wundern wir uns vielmehr über den sonderbaren Namen des Örtchens, hatten wir doch gehört, dass dort Turmaline gefunden würden und keine Saphire. Odulio schafft schnell Klarheit: »Als man die ersten Steine entdeckte, glaubte man noch, dass es sich um Saphire handeln müsste, denn die kannte man im Gegensatz zum Turmalin vor dreihundert Jahren schon.« Erst später, nachdem man bessere Nachweisverfahren entwickelt hatte, stellte man fest, dass es sich um einen Stein eigener Art, den Turmalin, handelte. »Der Ort durfte aus praktischen Erwägungen seinen irreführenden Namen trotzdem behalten«, lacht Odulio.

Anstatt eines neuen Namens hätte man São José da Safira wenigstens eine ordentliche Straße schenken können. Denn die existierende verursacht selbst dann, wenn man in einem riesigen Pick-up unterwegs ist, zwangsläufig ein Schleudertrauma, und die Schlaglöcher haben die Ausmaße von Badewannen. Auf der Fahrt erfahren wir, dass Pedros Mine gleich neben der ältesten Mine der Region liegt, der Cruzeiro-Mine. Sie reicht bis zu sechshundert Meter in die Tiefe und einen Kilometer in den Berg hinein und wird – mit einigen Unterbrechungen – seit dreihundert Jahren ausgebeutet. Ein Ort mit Geschichte also. Unterwegs kaufen wir für alle Fälle noch eine Flasche Cachaça, den landestypischen Zuckerrohrschnaps, als Gastgeschenk – natürlich selbst gebrannt und in eine alte Cola-Flasche abgefüllt, und treffen ordentlich durchgeschüttelt nach dieser wilden Berg- und Talfahrt mit Rückenschmerzen endlich an der Mine ein.

Es ist inzwischen Abend und die Wachhunde streunen über das von Scheinwerfern ausgeleuchtete Gelände. Am einzigen Eingang der Mine gibt es einen Wachturm, der rund um die Uhr besetzt ist. Wie überall in Brasilien darf man durchaus damit rechnen, dass hier scharf geschossen wird, wenn es darauf ankommt. Aber wir kommen im richtigen Wagen, mit den richtigen Leuten und müssen uns daher keine Sorgen machen. Wir begrüßen zunächst die Arbeiter und beugen uns dann über die Karte der Mine, um uns ein Bild zu machen. Damit die Karte nicht zusammenrollt, beschweren wir sie auf der einen Seite mit einer Zwiebel, die später im Kochtopf verschwinden wird, auf der anderen mit der Cachaça-Flasche, die sicher die Nacht ebenfalls nicht überstehen wird. Akribisch sind auf der Karte entlang von Höhenlinien alle bekannten Gänge eingezeichnet, ebenso wie die gefundenen Edelsteinvorkommen und die Grenzen des eigenen Minengeländes.

Eine solche Kartierung ist nicht unbedingt üblich, aber vor dem Hintergrund, dass der Berg inzwischen von verschiedenen Minen bis tief unter die Erde durchlöchert ist, dient der Überblick auch der Sicherheit. Manche der Minen scheinen über die jeweiligen Grundstücksgrenzen hinauszugehen, was dem Besitzer und den Arbeitern nur ein müdes Lächeln entlockt. Ja, man habe schon das eine oder andere Mal in den Jahrzehnten und Jahrhunderten die Grenzen überschritten, vor allem dann, wenn es sich zu lohnen schien. »Aber die anderen haben das auch getan«, lacht Pedro. Und wenn man sich dann irgendwo tatsächlich traf, kam es auch mal zu Schießereien im Stollen. Inzwischen habe man das aber hinter sich gelassen. Meistens zumindest. Nicht nur in und an den Minen kann es übrigens heiß hergehen. Auch in der westlichen Welt muss man immer auf Betrugsversuche, Überfälle oder Diebstahl gefasst sein. Das Edelsteingeschäft ist wahrlich nichts für schwache Nerven, das wird mit jedem Gespräch deutlicher.

Die Gefahren im Stollen sind aber in der Regel andere, das erfahren wir am eigenen Körper. Je tiefer man in den Berg hineingeht, desto tiefer steht man im Grundwasser. Das ist nicht nur unangenehm, sondern macht auch jeden Schritt doppelt so gefährlich. Immer wieder müssen wir Holzplanken überqueren, unter denen es fünf, zehn oder gar zwanzig Meter fast senkrecht in die Tiefe geht. Rutscht man da aus, hat man sich im doppelten Sinne selbst unter die Erde gebracht. Das Holz ist morsch, einen Handlauf gibt es nicht. Stattdessen hält man sich an der Wand fest, aber auch die gibt nur bedingt Halt, und ab und an hat man den Stein, an dem man sich festhalten wollte, gleich ganz in der Hand. Die Gefahr, dass sich auch einmal ein Stein von der Decke löst oder gar ein Gang komplett einstürzt, ist real, wenn auch die Wahrscheinlichkeit, dass es einen gleich beim ersten Mal erwischt, gering ist. Aber was heißt das schon? Wenn es passiert, hilft es niemandem, dass man die Statistik eigentlich auf seiner Seite hatte.

Der Vortrieb, also der Weg in den Berg hinein, geschieht alleine mit Hilfe von Dynamit. Gesprengt wird jeden Tag mehrfach, die Arbeiter bleiben dabei im Berg. Das ist nicht nur damit begründet, dass es schlicht zu aufwendig wäre, jedes Mal den Stollen zu verlassen, sondern auch damit, dass man hören muss, ob alle Ladungen gezündet haben. Wenn man vier Stangen verstaut hat, es aber nur dreimal knallt, wird es lebensgefährlich. Zumindest für denjenigen, der dann zum Ort der Sprengung muss, um den Blindgänger zu bergen. Wenn dabei etwas schief geht, und das kann schon bei der kleinsten Erschütterung der Fall sein, muss wieder jemand ausgesucht werden. Dieses Mal, um der Familie des Kollegen die traurige Nachricht zu überbringen.

Geht mit einer Sprengung alles glatt, beginnt der spannende – und zugleich körperlich anstrengendste – Teil der Arbeit. Die gelösten Brocken werden nach Augenschein und mit Hammer und Spitzhacke darauf untersucht, ob sie edle Steine in sich tragen oder zumindest tragen könnten. Das ist, zumal vor dem Hintergrund, dass es so weit unter der Erde immer warm wie an einem Karibikstrand ist, ziemlich schweißtreibend. Einer der *mineiros*, wie sich die Minenarbeiter nennen, ist jeweils dafür zuständig, mit Hilfe eines kleinen, auf Schienen laufenden Holzwagens, wie man ihn aus alten Westernfilmen kennt, den Schutt aus der Mine zu schaffen. Und je tiefer man im Berg ist, desto anstrengender wird das.

Stößt man auf einen guten Stein, findet man im nahen Umkreis meist noch mehrere. Wenn man solch ein »Pocket« Steine getroffen hat – und die Qualität auch noch stimmt –, freuen sich alle Beteiligten, denn in der Regel hat jeder etwas davon. Hat man einen echten Volltreffer gelandet und wirklich einmal besonders große oder schöne Steine erwischt, steigen danach Feste, die denen, die man aus einschlägigen Rap-Videos kennt, in nichts nachstehen. Wir haben leider nicht das Glück, bei solch einem Fund dabei zu sein. Aber die Erzählungen, die wir schon bei unserem ersten Stopp zu hören bekommen, gleichen denen, die wir später in anderen Regionen hören.

Damit ist auch klar, warum alle Steinsucher immer knapp bei Kasse sind und von großen Funden selten etwas für die Altersvorsorge bleibt: Sie leben eher in den Tag hinein, sie brauchen nicht viel, um zu überleben, und geben immer genauso viel aus wie reinkommt. Wozu sparen? Man weiß doch gar nicht, ob man den nächsten Tag überlebt. Unter den Männern kursiert der Satz: »Beim Graben hilft dir keiner, aber beim Geldausgeben bist du nie alleine.« Da scheint etwas dran zu sein, doch es liegt nichts Negatives in den Stimmen derjenigen, die das erzählen. Eher meint man ein zuversichtliches Lächeln um die Mundwinkel zu erkennen, das einem zu sagen scheint: »Hey, momentan bin ich ein armer Schlucker, aber morgen, ja, morgen, da sieht es wieder anders aus, und dann fließt der Champagner in Strömen, die Tische sind voll mit Koks und die Mädchen lesen mir jeden Wunsch von den Augen ab.«

Allzu viele Gedanken an mögliche Feste verschwenden wir in der Mine sowieso nicht, denn wir sind schon nach wenigen

Stunden vollkommen erschöpft. Dazu hat nicht nur die Hitze ihren Teil beigetragen, sondern auch die schlechte Luft tief im Stollen. Kurz nach der Sprengung stehen die Gase des Dynamits noch in den Gängen, so dass es einem immer wieder für einen Moment schwarz vor Augen wird. Man kann nur hoffen, dass das nicht auf den morschen Brettern oder auf einer der rostigen, angelehnten Leitern passiert, die man zwischendurch immer wieder benutzen muss. Die meiste Zeit bewegt man sich gebückt, die Gänge sind gerade so hoch, wie sie sein müssen, nicht wie es komfortabel wäre.

Wie viel Uhr ist es? Was für ein Wetter ist draußen? Schnell verliert man im Inneren des Berges die Orientierung. Wir sind auf jeden Fall froh, als wir am Ende die Mine heil wieder verlassen können. Beim Blick zurück auf den niedrigen Eingang, auf die dahinter in regelmäßigen Abständen scheinenden Lampen, die den Weg in den Berg entlang der krummen, rostigen Schienen weisen, bleibt nicht viel von unserer Abenteuerromantik übrig. Vielmehr wissen wir jetzt, wie es dort aussieht und haben allergrößten Respekt vor jedem einzelnen *mineiro*, der jeden Tag aufs Neue den Weg auf sich nimmt. Und wir wissen: So werden wir unser Glück nicht finden. Aber vielleicht gibt es ja noch andere Wege, mit Edelsteinen reich zu werden? Bevor wir dieser Frage auf den Grund gehen können, steht der Rückweg nach Governador Valadares an. Das Bier, das wir uns als Wegzehrung mitgenommen haben, verteilt sich dank der Schlaglöcher quer über unsere Kleidung. An Trinken ist sowieso nicht zu denken, wenn einem die Schneidezähne lieb sind. Sei's drum. Kaum im Hotel angekommen fallen wir in einen Schlaf, so tief wie selten zuvor.

Am nächsten Morgen haben wir endlich die Möglichkeit, Governador Valadares ein wenig besser kennenzulernen. Vom Berg vor der Stadt kommen regelmäßig Paraglider heruntergeflogen; wir lassen uns sagen, dass die Region dafür berühmt ist. Der Fluss ist breit, reißend und wunderschön, taugt aber leider nicht zum baden. Das Zentrum der 200 000-Einwohner-

Stadt ist deutlich geprägt vom Edelsteingeschäft – und wenn man eine Runde auf der kleinen Insel dreht, die vorgelagert im Fluss liegt, versteht man, dass in diesem Geschäft wohl immer noch Geld zu holen ist. Denn die Häuser und Villen, die dort zu sehen sind, brauchen den Vergleich mit den Domizilen der Reichen und Schönen in den Vereinigten Staaten oder Europa wahrlich nicht zu scheuen. Beverly Hills lässt grüßen.

Auf der Straße wird man als Ausländer permanent angesprochen, denn normalerweise verirren sich nur Steinhändler in die Region – und denen möchte man seine Funde möglichst schnell verkaufen, bevor sie sich ein allzu gutes Bild über die Marktlage oder die Preise gemacht haben. Die Gestalten, mit denen man dort ins Gespräch kommt, würden alleine einen Bildband füllen. Manche scheinen sich in ihrer Kleiderwahl an Crocodile Dundee zu orientieren, von oben bis unten in Leder gekleidet. Der Schlapphut scheint für viele obligatorisch. Ab und an könnte man allerdings auch glauben, in einer Neuauflage des Serienklassikers *Dallas* gelandet zu sein, wenn man Männer erblickt, die sich wie einst J. R. Ewing ihren Cowboyhut mit dünnen Lederkrawatten schmücken. Sie alle haben gemeinsam, dass man bei ihnen durchaus auch einmal gute Ware finden kann. Die Frage, woher sie diese haben, kann man sich allerdings getrost sparen.

Obwohl die Gegend vor allem für Turmaline bekannt ist, gibt es auf dem inoffiziellen Straßenmarkt so ziemlich jede Art von Stein zu kaufen, der in Brasilien und angrenzenden Ländern vorkommen kann: Smaragde, Amethyste, Achate, bis hin zu Diamanten. Sie werden von den *mineiros* oft unterschlagen und dann einige hundert Kilometer entfernt von zu Hause angeboten. Nicht alle machen sich allerdings die Mühe, weit zu reisen, um die Spuren der Steine zu verwischen. Das erzählen uns die Brüder Neves, die Besitzer der Cruzeiro-Mine, mit einem müden Lächeln: »Es kommt immer wieder vor, dass wir auf der Straße Steine kaufen, von denen wir fast sicher sein können, dass sie aus unserer eigenen Mine stammen.« Genau wie die anderen Minenbesitzer haben sie sich damit weitgehend arrangiert, solange es nicht ausartet. Denn eine lückenlose Kontrolle ist bei so viel Wert auf so kleinem Raum nicht möglich, und mancher Minenbesitzer, der sich mit den eigenen Arbeitern angelegt hatte, stand danach vor dem Nichts, weil diese ganz plötzlich rein gar nichts mehr fanden, dann aber riesige Schätze aus dem Boden holten, nachdem er die Mine verkauft hatte.

Die Neves-Brüder entstammen einer alten Edelsteinfamilie der Region. Dennoch kamen sie aufgrund eines traurigen Anlasses vollkommen unvorbereitet in die Verantwortung für das Geschäft. Ihr Vater und ihr Onkel, die die Mine gemeinsam führten, kauften sich, als es gerade einmal gut lief, ein eigenes Flugzeug. Der Spott der Menschen ließ nicht lange auf sich warten. »Jetzt sind sie abgehoben«, hieß es. Und das Flugzeug entpuppte sich tatsächlich als schlechte Investition, riss es sie doch gemeinsam in den Tod. Die Söhne standen nun mit gerade einmal 19 und 21 Jahren plötzlich vor der großen Aufgabe, das Familienbusiness weiterzuführen. »Es war eine schwierige Zeit«, erinnern sich die beiden, und die Blicke, die sie austauschen, lassen ahnen, dass das eher untertrieben ist.

Heute thronen die verstorbenen Familienpatriarchen auf zwei großen Ölgemälden über den Schreibtischen der Junioren, standesgemäß mit bemerkenswerten Turmalinen in den Händen. Sie dürften stolz sein auf das, was ihre Nachkommen geleistet haben. Wir haben eine Menge gelernt und ziehen weiter in Richtung Norden, um zu sehen, was dort möglich ist.

Neuer Ort. Neue Steinsorte. Ähnliche Situation. Campo Formoso im nördlichen Bahia ist die Hauptstadt der Smaragde. Und das sieht man in der Stadt selbst ebenso wie im Umland. Minen – oder Grundstücke, auf denen man eine Mine errichten kann – findet man schon für umgerechnet 50 000 Euro. Allerdings lässt sich vom Grundstückspreis überhaupt nicht auf die Ergiebigkeit des Geländes schließen. Es ist nicht unüblich, dass Land weiterverkauft wird, nachdem sich der alte Eigentümer jahrelang durch das Gestein gewühlt hat, ohne etwas Wertvolles zu finden – und es dann nur kurze Zeit dauert, bis der neue Eigentümer riesige Schätze aus dem Boden holt. Des einen Freud ist des anderen Leid. In Carnaíba, nur wenige Kilometer, jedoch mehr als eine Stunde Fahrt von Campo Formoso entfernt, gibt es eine Mine, die für 200 000 Euro gekauft wurde und binnen zwei Jahren bereits über zwei Millionen abgeworfen haben soll. Die Qualität der Installationen, die fröhlichen Gesichter und die große Zahl einfacher Glückssucher, die auf den Abraumhalden nach übersehenen Preziosen suchen, lassen vermuten, dass die kolportierten Zahlen nicht ganz falsch sind.

Viel öfter allerdings müssen die Käufer den Kaufpreis komplett abschreiben, selbst wenn sie ein zwischen zwei hochprofitablen Minen liegendes Grundstück gekauft haben. Die Wege der Steine sind eben unergründlich. Noch dazu hat man als Besitzer einer Mine in den letzten Jahren noch mit ganz anderen, relativ neuen Problemen zu kämpfen, für die zum Großteil der Staat verantwortlich ist. Dazu muss man wissen, dass das Geschäft in der Vergangenheit etwas vom Wilden Westen hatte: Wenn irgendwo etwas gefunden wurde, dann ging es darum, wer als erstes an Ort und Stelle war und zu graben begann. Langwierige Klärungen der Besitzverhältnisse mit der Verwaltung sparte man sich ebenso wie Lizenzen zum Abbau von Mineralien oder Sprenggenehmigungen. Das Dynamit kam, wenn die entsprechenden Lizenzen nicht vorlagen, eben aus anderen Kanälen.

Über Jahrzehnte war es ein einträgliches Geschäft, staatliche Dynamittransporte zu überfallen und den Sprengstoff danach zu guten Preisen am Markt unterzubringen. Wie einträglich dieser Ansatz war, lässt sich vielleicht daran ablesen, dass der größte und bekannteste dieser »Sprengstoffexperten« es sich erlauben konnte, ein originalgetreues mittelalterliches Schloss mitten in der Steppe Nordostbrasiliens nachbauen zu lassen, das sogar einen eigenen Wikipedia-Eintrag hat. Damit schuf er nicht nur eine surreale Touristenattraktion, sondern auch ein weithin sichtbares Symbol dafür, wie wenig die Vertreter der Staatsmacht in dem Business lange Zeit zu sagen hatten.

Als die Suche nach Steinen noch nicht reguliert war, war sie noch gefährlicher – aber auch deutlich günstiger. Fragt man die *mineiros* oder andere Menschen, die an den Fundstellen vom Geschäft mit den glänzenden Steinen leben, ist die Meinung ziemlich eindeutig: Anstatt wegen der Auflagen und intensiven Kontrollen zur Arbeitssicherheit durch die Polícia Federal oftmals ohne Job dazustehen, würde man es bevorzugen, das tägliche Risiko weiter auf sich zu nehmen. Dass es tatsächlich Risiken und Gefahren gibt, ist unbestritten. Kaum jemand, mit dem man in Campo Formoso oder in den Minendörfern rund um Governador Valadares spricht, hat nicht vom einen oder anderen Menschen im engsten Familienumfeld zu berichten, der in den Minen umgekommen oder zumindest schwer verletzt wurde. Die Gründe dafür sind vielfältig. Immer wieder stürzen Steinsucher beim Einfahren in die Smaragdminen ab, weil das Seil reißt und sie fünfzig Meter oder mehr ungebremst in die Tiefe stürzen. Ab und an geht etwas während der Sprengung schief. Oder es fallen doch einmal große Brocken von der Decke und ganze Stollen stürzen ein.

Wir lassen uns trotz aller Geschichten nicht davon abhalten, selbst einen Blick in die Mine zu werfen, zumal uns der Besitzer zugesagt hat, alles behalten zu dürften, was wir finden. Der Moment, in dem ich meine Beine über dem 50 Meter tiefen Loch in zwei wenig vertrauenerweckende Stoffschleifen schiebe und mich damit in die Hände eines Unbekannten begebe, der auf einer rennwagenähnlichen Konstruktion sitzt – rechts Gas, links Bremse – und mich mit einem zahnlosen Lachen in die Tiefe schickt, lässt meinen Puls schlagartig in die Höhe schnellen. Bremst der Kollege nicht rechtzeitig, sind mindestens die Beine hinüber. Die Wände bieten keine Möglichkeit zum Halt, dafür schlage ich mit zunehmender Tiefe immer öfter hart dagegen. Ich komme mit leichten Abschürfungen an den Händen und einem gehörigen Schrecken unten an – nur um auch diesmal wieder festzustellen: Hier ist nicht einfach mal so im Vorbeigehen etwas zu holen. Der Minenbesitzer wusste schon, warum er uns das vermeintlich großzügige Angebot gemacht hat. Und ich bin am Ende einfach froh, als ich wieder an der Erdoberfläche bin und weiß, dass erst einmal keine weiteren Exkursionen ins Erdinnere mehr anstehen.

Die Erkenntnis aus all den vorangegangen Beobachtungen für unser Projekt ist auf jeden Fall eindeutig: Je näher man an die Gewinnung der Steine herangeht, desto komplizierter und ungemütlicher wird die Geschichte. Das war übrigens schon immer so, wie die Geschichten der Auswanderer aus dem 19. Jahrhundert zeigen. Die hatten zwar die Steine vor Ort gefunden – Achate oder Amethyste, Turmaline oder Smaragde –, wurden selbst aber nicht reich. Einige derjenigen allerdings, denen sie ihre Funde verkauft hatten, konnten damit die Basis für Familiendynastien legen, die teilweise bis heute fortbestehen. Wir entscheiden uns daher, einen anderen Anlauf zu starten. Anstatt selber nach wertvollen Mineralien zu graben und dabei zu riskieren, festgenommen, erschossen oder in die Luft gesprengt zu werden, wollen wir Steine kaufen, die in der Region angeboten werden – und dann sehen, was sich daraus machen lässt.

Der Marktplatz von Campo Formoso dient nicht, wie sonst üblich, der Versorgung der Stadtbevölkerung mit Obst und Gemüse. Grün schimmert es allerdings trotzdem überall – wegen der Smaragde. Kantige Typen mit ledriger Haut und grimmigem Blick bevölkern mit ihrer Ware jeden Tag den quadratischen Platz, der fast nur von Banken gesäumt wird, die offenbar mit der finanziellen Abwicklung der Geschäfte ordentliches Geld verdienen. Wer etwas anzubieten hat, breitet seine Schätze auf einem der Steintische vor sich aus – vor allem dann, wenn er ganze Lots, also Gruppen von Steinen, verkaufen will. Die feinen Einzelstücke bleiben den Augen der neugierigen Betrachter zunächst verborgen und warten darauf, im richtigen Moment, in Anwesenheit des richtigen Adressaten unter staunenden Blicken hervorgezogen zu werden. Oder sie werden direkt den Zwischenhändlern angeboten, von denen man weiß, dass sie in der Lage sind, auch größere Summen zu organisieren.

Je näher an der Mine man kauft, desto günstiger ist der Preis. Aber desto schlechter ist eben auch der Gesamtüberblick über das aktuelle Angebot. Hinzu kommt ein zeitlich wie finanziell größerer Aufwand, weil man erst einmal in die abgelegenen Gegenden kommen muss, inklusive Mietwagen, Übernachtung und Verpflegung. Die Sache will also gut abgewogen sein. Wer auf der Suche nach den wertvollsten Einzelstücken ist, muss möglichst früh in der Kette zuschlagen – und nimmt dafür im Zweifel eher den schwierigen, ermüdenden Weg in die Berge auf sich. Wer vor allem auf Masse schaut und viele Steine braucht, die für den großen Markt gedacht sind, der kann durchaus warten, bis es die Funde der letzten Tage zum zentralen Umschlagsplatz in Campo Formoso geschafft haben. Letzteres trifft inzwischen vor allem auf indische Geschäftsleute zu, die den schier unstillbaren Hunger der aufstrebenden heimischen Mittelklasse nach Statussymbolen zu stillen suchen. Groß oder klein, blass oder klar, von großer Schönheit oder eher von großer Mittelmäßigkeit – die Inder kaufen alles.

Wir sind allerdings auf der Suche nach einer Qualität, bei der wir uns nicht alleine aufs Glück verlassen wollen. Wir wollen Steine kaufen, die auch den gehobenen Ansprüchen westeuropäischer Kunden genügen, die eine gewisse Größe haben, mit der sie sich von anderen Steinen abheben können. Vor allem aber wollen wir Steine kaufen, die ein entsprechendes Wertsteigerungspotential haben, wenn sie richtig verarbeitet und an der richtigen Stelle angeboten werden. Dabei darf man sich die ganze Sache nicht zu einfach vorstellen. Zwar werden auch Farbedelsteine wie Smaragde, Turmaline, Saphire oder Rubine grundsätzlich nach denselben vier Cs bewertet, die auch im Diamanthandel ausschlaggebend sind: Carat (Gewicht), Clarity (Reinheit), Cut (Schliff) und Color (Farbe). Spätestens bei letzterem Kriterium scheiden sich aber oftmals die Geister, weil die Geschmäcker unterschiedlich sind. Der eine zieht ein helles, strahlendes Grün vor, während ein anderer eher bereit ist, für ein dunkles, sattes Grün einen hohen Preis zu zahlen. Noch dazu wechselt die Mode dauernd. Die genaue Bewertung eines Steines ist daher wirklich etwas für Experten.

Nach einem kurzen Blick über die Häufchen grüner Steine in Campo Formoso entscheiden wir uns, den Weg in die Berge nach Carnaíba auf uns zu nehmen und direkt vor Ort nach vielversprechenden Stücken Ausschau zu halten. Dabei ist uns durchaus bewusst, dass man uns als Neulinge, als Greenhorns, betrachten wird und wir deswegen Gefahr laufen, über den Tisch gezogen zu werden. Davor soll uns Oscar bewahren, ein Bekannter von Daniel Kläy, einem Schweizer Steinhändler mit langer Erfahrung. Oscar war früher als Arbeiter in den Minen unterwegs. Heute ist er selbständiger Schleifer und weigert sich – aus Angst –, jemals wieder einen Fuß in eine Mine zu setzen. »Den Spott meiner ehemaligen Kollegen ertrage ich gerne«, sagt er mit einem feinsinnigen Lächeln. Mehr kann man ihm zu diesem Thema nicht entlocken, aber ich verstehe ihn inzwischen natürlich aus eigener Erfahrung bestens.

Jeden seiner Bekannten – und das sind viele, wenn nicht fast alle, die in dem heruntergekommenen kleinen Städtchen auf der Straße herumlungern – fragt Oscar aus dem Autofenster, ob sie einen guten, kleinen Stein gefunden hätten. Aber die Gesichter sagen immer dasselbe: »Lange her, dass ich solches Glück hatte.« Weil zum Zeitpunkt unserer Anwesenheit viele Minen stillgelegt sind, zumindest offiziell, und weil ihnen die notwendigen Lizenzen fehlen, ist das Angebot an guter Ware begrenzt. Schlechte Steine gibt es immer, aber die liegen wie Blei im Regal und lohnen kaum den beschwerlichen Weg.

Schließlich bekommen wir aber doch noch einen Stein zu Gesicht, der zwar in der Größe und im Wert lange nicht an das heranreicht, was wir suchen, aber dafür wenigstens eine ordentliche Qualität hat. Der Händler, der uns diesen Stein anbietet, hat ihn selbst aus einem größeren Brocken gewonnen, gemeinsam mit einigen anderen, allerdings deutlich weniger attraktiven Steinen. Wir kaufen ihn nach längerer Verhandlung für 100 brasilianische Real, umgerechnet etwa 35 Euro. Bei noch höheren Qualitäten könnte man da schnell ein paar Nullen dranhängen – die Entwicklung ist aufgrund der Seltenheit exponentiell. Aber jeder hat mal klein angefangen. Wir bezahlen damit den Preis, den der Händler dem Finder für das gesamte Paket bezahlt hat. Die anderen etwa zehn minderwertigen Steine wird er sicher irgendwann los. Was auch immer er dafür bekommt, es ist sein Gewinn. Wir sind allerdings auch zufrieden, glauben wir doch, einen schönen quadratischen Einkaräter aus unserem Stück schleifen zu können – was den Wert voraussichtlich verdreifachen wird. Es stellt sich eine gewisse Euphorie ein, doch die Spannung bleibt, denn noch ist der Stein nicht in seiner ganzen Pracht zu bewerten.

Wieder zurück in Campo Formoso fahren wir direkt zu Oscar nach Hause, um den Stein schleifen zu lassen. Was zunächst nach einer quadratischen Grundfläche aussieht, entpuppt sich nach Wegnahme der ersten Schicht störenden Muttergesteins als schönes Rechteck, etwas kleiner als der Nagels des kleinen Fingers. Die Laune im Raum verbessert sich schlagartig, denn uns ist klar: Dieser Stein wird deutlich mehr als ein Karat auf die Waage bringen – und damit wird auch der Preis sich deutlich nach oben bewegen. Wir haben also ein gutes Geschäft gemacht! Sollte ich den ersten Schritt auf dem Weg zum schnellen Geld gemacht haben? Nach und nach trägt Oscar immer weitere Ecken ab. Abwechselnd schleift er die Kanten und poliert die Flächen. Nach jedem Arbeitsschritt zeigt der Smaragd mehr seines magischen Leuchtens. Oscar stößt immer wieder Jubellaute aus – mit jeder Minute, die er an dem Stein arbeitet, gewinnt dieser weiter an Wert.

Am Schluss legen wir den für etwa zehn Euro Bezahlung fertig geschliffenen Smaragd auf die Waage und freuen uns über satte zwei Karat. Der Stein, den wir drei Stunden vorher für 100 Real gekauft haben, hat nun, noch vor Ort, bereits einen Wert von etwa 500 bis 600 Real bekommen, schätzt Oscar. »Ihr seid echte Glückspilze«, schiebt er noch hinterher und scheint sich fast ein bisschen zu ärgern, dass er den Stein nicht selbst gekauft hat. Er wird aber natürlich auch ordentlich entlohnt. Als Ergebnis bleibt uns abzüglich der Schleifkosten bereits eine Wertsteigerung von über 400 Prozent – eine schier astronomische Rendite. Dabei sind die Reise des Steines, und auch unsere Reise, noch lange nicht zu Ende.

Die Zwischenhändler bringen die Steine aus dem Hinterland zumeist nach Salvador, in die Hauptstadt des im Nordosten Brasiliens gelegenen Bundesstaates Bahia. Alleine der Weg dorthin bringt eine weitere Wertsteigerung mit sich, muss man doch Reise- und Unterbringungskosten mit einrechnen. Wir legen den Stein dem Smaragdhändler Daniel Kläy vor. Er besitzt nicht nur eigene Minen – und kennt sich daher bestens aus –, sondern auch wunderschöne Geschäftsräume in Salvador, die einen Besuch genauso wert sind, wie seine Steine. Was er uns wohl für unsere Funde geben würde? Die Antwort überrascht uns: 100 Dollar für das Karat, insgesamt also 200 Dollar wäre ihm der Stein wert. »Ein schönes Stück habt ihr da gefunden«, lässt er uns wissen, vor allem vor dem Hintergrund, dass der Markt derzeit recht leergefegt ist. Wir sind stolz, uns ist aber durchaus bewusst, dass Kläy selbst seinen Anteil daran hat, dass wir in Besitz dieses Steines sind, weil er uns mit seinem Bekannten Oscar zusammengebracht hatte.

Der Smaragdhändler warnt uns auch – und das werden wir noch häufiger hören –, nun bloß nicht zu glauben, wir hätten den Stein der Weisen oder gar eine Lizenz zum Gelddrucken gefunden. Dass sich ein Stein als deutlich wertvoller herausstellt als gedacht, kann durchaus passieren. »Genauso muss man aber auch mit dem Gegenteil rechnen«, erklärt uns Daniel Kläy. Selbst den größten Experten ist es schon mehr als einmal passiert, dass sie sogenannte »Cracks«, also Risse im interessanten Bereich eines Rohsteins übersehen haben, die dann dafür gesorgt haben, dass aus einem möglichen Dreikaräter vielleicht nur drei Einkaräter wurden. Das Gewicht bleibt in so einem Fall zwar gleich, aber der Wert sinkt beträchtlich. Je größer ein Stein ist, desto seltener ist er auch.

Mit dem Schleifen eines Steins geht man immer ein gewisses Risiko ein. Zwar legt man damit den wahren Wert frei. Denn erst nachdem all das wertlose Drumherum weggeschnitten und durch Schliff und Politur die Farbe, Größe und Klarheit des Steins transparent werden, weiß man wirklich, was man gekauft hat. Das ist aber nur positiv, wenn man mindestens das herausbekommt, worauf man spekuliert hat. In jedem anderen Fall wäre es cleverer gewesen, den Stein als Rohstein zu halten und einen Käufer zu finden, in dessen subjektiver Wahrnehmung der Stein noch mehr Potential birgt, als man ihm selbst zugeschrieben hat. In der Szene gibt es dazu den Merksatz »Rohstein Brot, geschliffen tot«.

Die seltenen anderen Fälle sind diejenigen, in denen man einen Stein besonderer Art in die Hände bekommt. Was die spezielle Besonderheit ausmacht, lässt sich nicht definitiv beschreiben. Es kann sich um einen Stein höchster Qualität handeln, der dazu auch noch eine seltene Größe hat. Es kann aber auch ein Stein minderwertigerer Qualität einen hohen Preis erzielen, etwa ein Quarz oder Amethyst, wenn er eine besondere Größe hat und schon unbearbeitet als einzigartiger Raumschmuck dienen kann. Seltenheit ist immer ein guter Indikator, das gilt auch für besondere Farbtöne oder Farbkombinationen sowie für Steine, die besondere Einschlüsse haben, seien es nun Fossile oder sogar Gold.

Dass man solchen besonderen Steinen auf dem beschriebenen Marktplatz von Campo Formoso begegnet, ist mehr als unwahrscheinlich. Und dass man sie als Laie selber findet, darf als nahezu unmöglich angesehen werden. Ganz besondere Stücke werden von den Minenarbeitern, die sie entdecken, in der Regel auch erkannt und entsprechend aus dem normalen Prozess herausgenommen. Dann geht es auf dem schnellsten Weg ganz nach oben. Es gibt weltweit nicht viele Menschen, die willens und in der Lage sind, hohe sechs- oder siebenstellige Beträge für einzigartige Mineralien auf den Tisch zu legen, um daraus dann die schönsten Schmuckstücke zu machen. Wohlhabend genug wären viele. Aber nur bei wenigen kommen Geld, Wissen und die richtigen Kontakte zusammen.

Mit einigen dieser namhaften Vertreter ihres Fachs sind wir nach unserer Rückkehr aus Brasilien in Idar-Oberstein verabredet, um ihnen unseren geschliffenen Stein – und einen weiteren Rohstein, den wir dabei haben – anzubieten. Die Meinungen gehen auseinander, was auch damit zu tun hat, dass jeder sein Business etwas anders ausgerichtet hat und auf der Suche nach spezifischen Größen, Farben und Qualitäten ist. Man weiß nie, ob man nicht plötzlich jemandem gegenüber sitzt, der in dem Stein genau das seit Jahren fehlende Puzzleteil eines Colliers sieht. Für so jemanden ist ein Stein plötzlich ein Vielfaches des üblichen Marktpreises wert. Andere wiederum können dem Stein zwar einen gewissen Wert zuweisen, haben aber selber keine Verwendung für ihn. Und dann zucken sie noch nicht einmal, haben sie doch alle schon mehr als einen Stein im Tresor liegen, bei dem sie sich total verspekuliert haben. Manche Stücke oder Lots, also Gruppen von Steinen, wurden für sechsstellige Beträge eingekauft und als Andenken an die Bustouristen in Idar-Oberstein für Centbeträge wieder verkauft. So ist das Geschäft eben: Mit Masse Geld verdienen können die wenigsten, es bleibt also nichts anderes, als auf hohe Qualität zu setzen. Und da kommt man nicht umhin, Risiken in Kauf zu nehmen und mit hohen Beträgen in Vorleistung zu gehen.

Eine gewisse Risikofreude, ein Blick für Steine, die Fähigkeit auch unter Unsicherheit gute Entscheidungen zu treffen, das sind wichtige Voraussetzung im Edelsteinbusiness. Dazu kommen noch kommunikative Stärken und die Kenntnis verschiedener Sprachen – Englisch, Französisch und Portugiesisch etwa sind hilfreich. Am wichtigsten ist die Fähigkeit, stabile Netzwerke aufzubauen. Denn das Geschäft mit wertvollen Steinen ist vor allem eines: schwer zu durchschauen. Es gibt allerhand ungeschriebene Gesetze, man kennt sich in der Branche, man weiß, mit wem man zusammenarbeiten kann. Vor allem aber auch, mit wem nicht. Vertrauen ist immer noch ein ganz wichtiger Bestandteil großer Geschäftsabschlüsse. Wer nicht aufpasst, ist mit einer falschen Handlung für immer verbrannt und wird keine Geschäfte mehr machen können. Auch das fachliche Wissen hinsichtlich der Bewertung von Steinen, das in Familienunternehmen von Generation zu Generation weitergegeben wird, ist nicht zu unterschätzen.

Insgesamt, das lässt sich sicher sagen, ist das Business schneller und risikoreicher – in einem Wort: härter – geworden. Die Globalisierung hat dafür gesorgt, dass auch einfache Menschen in abgelegenen Bergdörfern sich über den wahren Wert eines Fundes informieren können und daher nur noch selten günstig verkaufen. In vielen Ländern überwachen die Behörden inzwischen die meisten Geschäfte und unterbinden das Glücksrittertum mit aller Macht. Zwar steigt die Nachfrage nach Schmuck – und damit auch nach Edelsteinen – in einer Welt mit einer stetig wachsenden Bevölkerung kontinuierlich. Gleichzeitig sind aber die meisten Vorkommen erschlossen und neue Funde werden immer seltener. Verschärft werden die Probleme auch durch das Aufkommen von Konkurrenten ganz neuer Art: Reiche Geschäftsleute, gerade aus Russland oder China, legen sich hochwertige Steine, roh oder geschliffen, in den Safe, um ihr Portfolio zu diversifizieren. Das treibt zwar die Preise. Aber wer davon lebt, dass er mit Steinen handelt, schaut zunehmend in die Röhre, wenn immer weniger wertvolle Stücke überhaupt den Weg auf den Markt finden.

Wir finden am Schluss immerhin einen namhaften Interessenten für unseren Stein, der bereit ist, uns knapp 500 Euro zu bieten. Pro Karat. Damit hätte der Stein, den wir für 35

Euro im Rohzustand gekauft haben, nun einen Wert von 1000 Euro. Nicht schlecht, mag man meinen. Der zweite Stein allerdings, den wir noch in roher Form dabeihaben, fällt bei allen Kontakten durchs Raster, und zwar mit dem immer gleichen Argument: Quer durch die grün schimmernde Schicht läuft ein Crack, der den Wert des Steines erheblich senkt. Vor dem Hintergrund, dass wir diesen sehr viel teurer eingekauft haben und die Schleifkosten in Deutschland deutlich höher liegen, müssen wir einen Teil des Gewinns vom ersten Stein mit einem Verlust beim zweiten gegenrechnen. Daniel Kläy hat mit seiner Warnung also Recht behalten.

Die Rechnung fällt bei näherer Betrachtung auch in anderen Punkten anders aus, als erhofft. Die Magie der Steine und die Euphorie über die Wertsteigerung des Kaufs haben uns zwischenzeitlich wohl blind werden lassen für die Kosten, die mit dem Finden der Steine verbunden waren. Rechnet man den Aufwand für Flug, Mietwagen, Unterbringung, Beratung und Schliff zusammen, kommt man schnell auf mehrere tausend Euro. Und wie man es auch dreht und wendet: Die erreichte Wertsteigerung reicht nicht aus, um diese Summe auch nur ansatzweise wieder einzuholen. Wir hätten entweder eine deutlich größere Zahl gleichwertiger Steine kaufen müssen oder in einzelne, deutlich teurere Steine investieren müssen – was beides bei der Marktlage fast aussichtslos war. Dazu hätten wir deutlich mehr Geld in die Hand nehmen müssen, ohne aber die Sicherheit zu haben, dass der Plan dann aufgeht. Mit Edelsteinen, das verstehen wir nun, kann man Geld machen – aber nicht einfach mal so im Vorbeigehen. Dennoch bleibt es ein äußerst spannendes Geschäftsfeld. Und während ich mich wieder auf die Suche nach dem schnellen Geld mache, ist auch klar: Die Magie der Steine wird mich so schnell nicht wieder loslassen.

# Fazit

- Edelsteine lassen sich nicht mit wissenschaftlichen Methoden finden. Selbst die besten Experten müssen zugeben: Die Wege der Steine sind unergründlich. Das Edelsteinbusiness ist auch deswegen eines der letzten großen Abenteuer.

- Selber Steine zu finden ist nicht nur schwierig, sondern auch gefährlich und kommt den Vorstellungen, die man in Europa von einem schönen Leben hat, nicht besonders nahe. Gutes Geld verdienen zudem nicht diejenigen, die die Steine finden, sondern die, denen die Minen gehören oder die im Verlauf des Veredelungsprozesses ihre Finger im Spiel haben.

- Rohsteine geben Raum für Phantasie, geschliffene Steine hingegen sind leichter zu kalkulieren. Niemand weiß vorher genau, was ein Rohstein wert ist, daher gilt die Regel: Findet man jemanden, der einem einen Rohstein zu einem deutlich höheren Preis abkaufen will, als man selbst bezahlt hat, dann verkauft man.

- Und last but not least: Um im Edelsteinbusiness erfolgreich zu sein, braucht man einen langen Atem. Schnelles Geld hat in diesem Business in den letzten 30 Jahren sicher keiner gemacht, der nicht auch vorher schon lange da war.

# 2

# Schwarzes Gold

*Bohren für Öl?*
*Sie meinen, in die Erde bohren*
*und versuchen, Öl zu finden?*
*Sie sind verrückt!*
**Ein Bohr-Arbeiter vor dem**
**ersten Öl-Bohr-Projekt 1859**

Reinhard Mey sang einst davon, wie er beim Versuch, eine Riesenblaubeere zu züchten, in seinem Garten auf Öl stieß – und sich schon reich wähnte. »Hab Erdöl im Garten, ob's stürmt oder schneit, und mit dem Ersparten üb' Treu und Redlichkeit«, war seine Empfehlung, die mir schon als Kind begegnete, als ich mich durch die Schallplatten meiner Eltern hörte. Und genauso war mir auch in Erinnerung geblieben, dass Mey es nicht dabei bewenden lassen wollte und zu dem Schluss kam, nicht nur vom schwarzen Gold als Rohstoff profitieren zu wollen, sondern auch an der Verarbeitung desselben mitzuwirken. Noch während er allerdings die Planung für eine eigene Raffinerie vorantrieb, machten ihm die Behörden einen Strich durch die Rechnung. Die Begründung war einleuchtend: Er hatte nicht etwa ein unbekanntes Erdölvorkommen erschlossen, sondern eine Pipeline angebohrt.

Das Beispiel ist natürlich reine Fiktion. Und Reinhard Mey brauchte auch gar kein Erdöl im Garten, um reich zu werden. Ihm dürfte es gereicht haben, darüber zu singen. Allerdings steckt auch in dieser Geschichte ein klein wenig Wahrheit. Und zwar, dass man als normaler Mensch wohl kaum auf einen Ölfund hoffen darf, andere allerdings mit dem Erschließen, Fördern und Verarbeiten dieses Schmiermittels der Weltwirtschaft durchaus auch heute noch riesige Summen verdienen. Was läge also näher, als bei der Suche nach dem schnellen Geld einen genaueren Blick auf diese ganz besondere Branche zu werfen?

Mein erster Berührungspunkt mit den harten Jungs, die auf den Bohrinseln dieser Welt dafür sorgen, dass auch morgen noch Autos auf unseren Straßen fahren und Flugzeuge uns an die entlegensten Orte der Welt bringen, war Guy. Als ich ihn kennenlernte, war er gerade auf Entdeckungstour in Namibia unterwegs. Er war damals 23, aber im Gegensatz zu allen anderen, die als Studenten mit dem Rucksack den mühsamen Weg durch Afrika auf sich nahmen und dabei auf ihr Geld achten mussten, schien er fast unbegrenzte Reserven zu haben. Im Spaß fragte ich ihn, ob er im Lotto gewonnen habe. Und seine Antwort verblüffte mich: »Noch viel besser. Ich arbeite als Geologe auf einer Ölplattform.«

Nun hatte ich mir nie Gedanken darüber gemacht, wie genau die Typen auf diesen Stahlungetümen in den Ozeanen bezahlt werden, aber dass man mit der Arbeit dort reich werden könnte, hatte ich wirklich nicht geglaubt. Guy klärte mich auf. Die Arbeit ist nicht nur richtig hart, sondern auch gefährlich. Und noch dazu verbringt man die Zeit zwischen den Schichten nicht zu Hause bei der Freundin oder Frau und den Kindern, sondern in winzigen Kabinen, nur von anderen Männern umgeben. Wer Glück hat, erwischt eine der neueren Plattformen, auf denen relativ luxuriöse Doppelkabinen eingerichtet sind. Und wer Pech hat, wird auf eine der älteren Plattformen mit Schlafsälen für zwanzig Mann verfrachtet – in denen aber nur zehn Betten stehen. Denn man teilt sich dort jeweils zu zweit ein Bett; wenn der eine Kollege arbeitet, schläft der andere.

Guy war für eine amerikanische Firma auf einer Plattform

vor Angola im Einsatz. Das Land ist immer noch von einem 30 Jahre dauernden Bürgerkrieg gezeichnet, der erst 2002 endete und Millionen Landminen und kaum mehr brauchbaren Wohnraum, schon gar nicht nach westlichen Standards, hinterließ. Die seit Anfang der 90er Jahre langsam erschlossenen Ölreserven sorgten nach Ende des Krieges für einen Boom, der Angola heute zur drittgrößten Volkswirtschaft des afrikanischen Kontinents – und eigentlich zu einem reichen Land – werden ließ.

Die rasante Erschließung der Bodenschätze sorgte dabei für allerlei Kuriositäten. So gilt Angolas Hauptstadt Luanda bis heute je nach Quelle als teuerste oder zweitteuerste Stadt der Welt, was vor allem mit den astronomischen Preisen für Wohnraum zu tun hat. Guys Wohnung von 60 Quadratmetern und – für westliche Verhältnisse – ohne besonderen Luxus, kostete schon vor einigen Jahren schlappe 12 000 US-Dollar Miete – pro Monat, wohlgemerkt! Natürlich übernahm diese Kosten sein Arbeitgeber, der ihm noch dazu ein ordentliches Paket an Sozialleistungen schnürte und ihm etwa 85 000 Euro netto auf ein Konto in seine walisische Heimat überwies.

Von diesem Geld hatte Guy allerdings lange nichts, und er muss lachen, wenn er sich an die Zeit erinnert: »Es gab damals in Angola noch keinen einzigen Geldautomaten, an dem ich an mein Geld gekommen wäre.« Aber auch auf dieses Problem hatte sein Arbeitgeber eine Antwort parat, und zwar in Form eines Schuhkartons voll mit ein paar tausend US-Dollar, den Guy jeweils zum Monatsanfang in die Hand gedrückt bekam und mit dem er seine täglichen Ausgaben bestreiten sollte. Und genau diese Schuhkartons waren auch der Grund dafür, dass Guy in Namibia und anderswo nicht allzu sehr auf sein Geld achten musste, sondern seine Urlaube in vollen Zügen genießen konnte. Und Urlaub, davon hatte er wahrlich genug. Alle zwei Monate einen Monat frei – davon träumt der Durchschnittsarbeitnehmer, egal wo auf der Welt.

Inzwischen hat Guy einen deutlich ruhigeren Posten bei

einer Explorationsfirma in England. Die Jahre in Angola haben es ihm ermöglicht, schon in sehr jungem Alter ein Haus in seiner alten Heimat Wales kaufen zu können, ohne auch nur einen Cent Kredit dafür aufnehmen zu müssen. Noch heute verdient er alles andere als schlecht, wenngleich die Situation mit früheren Zeiten nicht zu vergleichen ist. »Der Job zehrt einen auf Dauer aus, ich wusste schon bald, dass ich das nicht ewig machen würde«, erinnert er sich. Der Kontakt zu Freunden und Familie ist schwierig, eine Beziehung fast unmöglich. Noch dazu ist die Goldgräberstimmung in Angola auch langsam vorbei. Musste man noch vor einigen Jahren Ausländer mit den gesuchten Fähigkeiten – Wissen in Geologie, Physik, Chemie sowie Ingenieurwissenschaften, oder Arbeitserfahrung auf anderen Plattformen, etwa in der Nordsee – mit viel Geld und viel Urlaub nach Westafrika locken, hat sich das spätestens seit Beginn der europäischen Schuldenkrise geändert.

In Angola werden inzwischen selbst gut ausgebildete Europäer nicht mehr mit offenen Armen empfangen – schlicht weil es zu viele geworden sind. Seit einigen Jahren wandern jedes Jahr mehr Portugiesen in ihre ehemalige Kolonie aus, als Angolaner nach Portugal wollen. Und auch der Zustrom aus anderen gebeutelten Ländern Süd- und Osteuropas, aber auch aus Indien und China, reißt nicht ab. Striktere Einwanderungsregelungen wurden eingeführt – und das, obwohl es schon vorher alles andere als leicht war, einfach so ins Land zu kommen. Ich selbst war bei meinem Afrikatrip damals schon an dem Vorhaben gescheitert, auch nur für ein paar Wochen Freunde zu besuchen. Nach sieben Besuchen in der Botschaft und allerlei vorgelegten Dokumenten, inklusive meiner Bankauszüge eines halben Jahres – immer deutlich im Plus, darauf lege ich Wert –, kam die Absage mit einer überraschenden, gleichzeitig aber einmalig deutlichen Begründung: Ich war zu arm.

Angola ist eben in. Irgendwie. Das Öl ist der maßgebliche Grund dafür und hat einen wahren Rausch ausgelöst. Aber wie das immer so ist: Irgendwann kippt der Markt. Früher suchte man händeringend Experten, um das schwarze Gold aus dem Erdboden zu holen, heute herrscht ein Überangebot. Und je mehr Menschen für eine Aufgabe zur Verfügung stehen, desto weniger muss man dem Einzelnen bezahlen. Das ist die grundsätzliche Logik aller Märkte und die macht auch vor den Jungs auf den Öl-Plattformen nicht halt. Es hatte sich eben herumgesprochen, dass sich dort gutes Geld verdienen ließ – und genau das ist heute das Problem. Bei einem Rausch gewinnen zumeist nur die, die am Anfang dabei waren, das bestätigt sich auch in Angola wieder. Und Guy war einer davon. Die, die sich mit der großen Masse in Bewegung setzen, treffen dann meistens nur noch auf die Ruinen ihrer eigenen Erwartungen und erleben statt einem Rausch zu oft einen Kater.

Das besonders üppige Gehalt, das früher bezahlt wurde, hatte natürlich auch mit den Gefahren zu tun, denen man sich aussetzte. Nicht nur auf der Plattform, sondern auch ganz allgemein in einem Land, in dem Malaria und Minenunfälle bis heute zu den häufigsten Todesursachen gehören. Immer wieder kamen auf Plattformen überall auf der Welt Arbeiter ums Leben, die von explodierenden Ventilen getroffen wurden, wenn der Druck in den Leitungen außer Kontrolle geriet. Manch einer wurde im Sturm von der Plattform gefegt oder fiel anderen tragischen Unfällen zum Opfer. Das hat sich inzwischen deutlich verbessert. Und vor allem auf den Plattformen in Europa sind tödliche Unfälle relativ selten geworden. Risikofrei ist die Arbeit allerdings bis heute nicht, wie uns Deepwater Horizon, die im Golf von Mexiko versunkene Plattform von BP, erst vor wenigen Jahren vor Augen geführt hat.

Gut verdienen kann man auch heute noch – in Europa je nach Ausbildung, Erfahrung und Land ab etwa 4000 Euro im Monat. Aber selbst wenn der eine oder andere Spezialist tatsächlich auf 10 000 Euro kommen sollte: Wechselnde Tag- und Nachtschichten von bis zu zwölf Stunden am Stück gehören weiterhin zur Arbeitsplatzbeschreibung, wie auch die unangenehme Tatsache, dass man meistens mehrere Wochen am Stück auf der Plattform bleiben muss. Es ist üblich, zwei bis drei Wochen zu arbeiten, bevor man wieder für denselben Zeitraum zu Hause die Füße hochlegen kann. Das ist allerdings auch nur sicher, wenn einem das Wetter keinen Strich durch die Rechnung macht und dafür sorgt, dass der Helikopter, der einen nach Hause zur Familie bringen soll, ein paar Tage nicht landen kann. Dann sitzt man entsprechend fest.

Die meisten, die heute noch auf den Bohrinseln anheuern, kommen aus der jeweiligen Gegend und wollen nicht weg. Andere Jobs gibt es in den ansonsten oft strukturschwachen Küstenregionen Dänemarks oder Norwegens oftmals nicht. Da ist die Arbeit für einen der großen Förderer keine schlechte Alternative – und eben auch keine schlecht bezahlte. Gesucht werden übrigens – wenn überhaupt – Spezialisten. Am liebsten männlich, unter 35 Jahre alt, ledig und mit einem Meisterbrief als Schlosser, Mechaniker oder einem anderen technischen Handwerk in der Tasche. Laut der Arbeitsagentur Emden, die eine Zeitlang für eine große ausländische Firma deutsche Angestellte rekrutiert hat, sind darüber hinaus verhandlungs-sichere Englischkenntnisse notwendig – eine so wichtige An-forderung übrigens, dass diese vom potentiellen Arbeitgeber auch einmal mit unangekündigten Anrufen zu nachtschlafen-der Zeit bei den Bewerbern abgeprüft wird. Wer gerade von der Couch oder aus dem Bett gefallen immer noch in der Lage ist, sich manierlich in der fremden Sprache zu verständigen, hat den Test bestanden. Um dann gleich vor dem nächsten zu stehen, nämlich Notfalls- und Evakuierungsübungen, bei denen man beweisen muss, dass man höhen- und seefest ist. Von den ursprünglich mehreren hundert Bewerbern ist dann vielleicht noch ein Zehntel übrig. Und die haben durchweg ein Qualifikationsprofil, das ihnen auch an anderer Stelle gute Jobs und ordentliche Verdienstmöglichkeiten garantiert hätte. Die guten Gehälter sind also in erster Linie damit begründet – und nicht etwa mit dem Einsatzort an sich.

Dass auf einschlägigen Internet-Portalen das Gegenteil behauptet wird und von unterschiedlichsten, auch ungelernten Berufsbildern die Rede ist, die reichlich angeworben und weit überdurchschnittlich bezahlt würden – vom Koch bis hin zur Reinigungskraft –, hat dabei einen ganz banalen Hintergrund: Die Betreiber wollen in der Regel Broschüren verkaufen, die zumeist zwischen 19,99 und 29,99 Euro kosten und Hunderte Bewerbungsadressen, Jobbeschreibungen sowie Tipps und Tricks zum Anheuern auf den Stahlungetümen versprechen. Ein Profi, der jahrelang tatsächlich Personal für Plattformen rekrutiert hat und es daher wissen muss, warnt davor, den Geldbeutel dafür zu zücken: »Die Versprechungen sind gigantisch, sie sollen mit der Aussicht auf das große Geld ahnungslose, verzweifelte, gierige oder schlicht neugierige Interessenten locken – haben ihnen aber am Ende nichts zu bieten.« Der einzige, der in diesem Fall mit dem Traum vom Job auf der Ölplattform – oder inzwischen auch auf den Schiefergasfeldern beim »Fracking« – Geld verdient, ist der Betreiber der Seite. Alle anderen schauen in die Röhre.

Nicht nur was die Energiegewinnung angeht, sondern auch was die Jobs betrifft, scheint übrigens zu gelten: Wind ist das neue Öl. Spricht man mit Menschen, die den Hype um die Ölplattformen miterlebt haben, und fragt sie, wo man den nächsten Rausch erwarten kann, geht ihr Blick wieder hinaus aufs Meer, nämlich zu den großen Offshore-Windparks. Die sind zwar noch nicht so zahlreich, viele stecken in der Planungsphase, manche stecken dort auch fest. Oder es fehlen noch die Kabel und Überlandleitungen, um den dort generierten Strom in die Haushalte und Unternehmen zu bringen. Aber je größer die Zahl der Windräder, desto mehr mutige Techniker werden gebraucht, die die Anlagen bauen und warten. Und man darf davon ausgehen, dass diese Tätigkeiten zumindest eine Zeitlang durchaus ordentlich entlohnt werden wird.

Vor dem Hintergrund, dass auf den Ölplattformen inzwischen nur noch ein gutes Gehalt, nicht aber schneller Reichtum wartet, und ich noch dazu technisch eher unbegabt und kaum in der Lage bin, eine Glühbirne zu wechseln, ohne mir einen Schlag zu holen, sind Ölplattformen oder Offshore-Windparks zumindest für mich nichts und ich begebe mich wieder auf die Suche.

## Fazit

- Der Goldrausch auf den Ölplattformen ist vorbei, Spezialisten können aber immer noch ordentliches Geld verdienen.
- Attraktiv sind Jobs auf Ölplattformen vor allem für jüngere Männer, die ungebunden, mobil und abenteuerlustig sind. Wer die Einstellungskriterien erfüllt, kann aber in der Regel auch an anderer Stelle gut bezahlte Arbeit finden.
- Wind ist das neue Öl. Es ist gut möglich, dass die in den Offshore-Windparks gesuchten Spezialisten die nächsten echten Abräumer auf dem Arbeitsmarkt sein werden. Wer sich früh darum kümmert, kann vielleicht rechtzeitig aufspringen und sein Glück versuchen.
- Auf gar keinen Fall sollte man sich von Internet-Portalen dazu verleiten lassen, für vollmundig angekündigte Ratgeber Geld zu bezahlen. Alle wirklich wichtigen Informationen findet man kostenfrei im Netz.

# 3

# Auf den Spuren von Indiana Jones

*Nicht jeder Schatz besteht aus Silber und Gold.*
**Captain Jack Sparrow**

Der seit ein paar Jahrhunderten anhaltende Siegeszug der romantischen Liebe scheint direkt mit dem schwindenden Glauben an den Fund eines großen Gold-, Silber- oder Edelsteinschatzes einherzugehen. Wer nach einem Schatz sucht, packt nicht mehr Hacke und Spaten ein und sticht in See, sondern meldet sich bei einer Dating-Plattform an. Nun ist es natürlich so, dass der Leidensdruck heute beim Suchen nach einem passenden Lebenspartner deutlich höher ist als früher. Damals wurde man verheiratet – die Fortpflanzung war damit gesichert, privates Glück blieb eine Lotterie. Und man fand sich damit ab. Gleichzeitig muss man nicht mehr unbedingt im Dreck wühlen, auf den Fund einer Schatzkarte in einer Flaschenpost warten oder sich in Gefahr begeben, um ein einigermaßen gütliches Auskommen zu haben. Duale Ausbildung, gewerkschaftlich erkämpfte Lohnsteigerung und Riester-Rente haben den Schatzsucher in vielen von uns faul werden lassen. Es ist also durchaus verständlich, dass sich die Prioritäten verschoben haben. Und doch, einige wenige Menschen trotzen dem Zeitgeist und tun das, was Indiana Jones nur in den Filmstudios von Hollywood tun durfte: Sie jagen verlorene Schätze aus einer anderen Zeit. Und zwar zu Wasser und zu Land; hier in Deutschland wie auch an den entlegensten Orten der Welt.

Was diese Menschen treibt, lässt sich natürlich nicht verallgemeinern. Eine Überzeugung dürften sie aber alle haben, nämlich die, dass die ganze Welt eine einzige Goldgrube ist. Und so falsch liegen sie damit tatsächlich nicht, wie auf den kommenden Seiten deutlich werden dürfte. Auch wenn bei den meisten Menschen Bücher und Filme, namentlich Stevensons *Schatzinsel*, Dumas' *Graf von Monte Christo*, Karl Mays *Schatz im Silbersee* oder natürlich der unvermeidliche Indiana Jones die Begeisterung für das Thema Schatzsuche geweckt haben dürften: Die Realität bietet die besseren Geschichten. Allein schon, weil sie wahr sind. Keine Frage also: Die Schatzsuche ist ein Thema, um das ich auf meiner Jagd nach dem schnellen Geld auf gar keinen Fall herumkomme.

Dass sich viele derjenigen, die gemeinsam mit mir auf der Suche nach den Schätzen dieser Welt sind, sich dabei unfraglich irgendwo zwischen Traum und Realität, zwischen Hobby und Wahn, zwischen Wissenschaft und Aberglaube – aber auch zwischen Gier und Neugier – bewegen, kann man kaum bestreiten. Aber sind es nicht genau diese Grenzbereiche, die das Leben erst spannend machen? Und sind es nicht genau die Menschen, die sich auf diesem schmalen Grat bewegen, die die Menschheit auch immer wieder vorangebracht haben, weil sie das scheinbar Unmögliche einfach nicht als unmöglich akzeptieren wollten? Mich hat das Thema auf jeden Fall längst gepackt. Aber zunächst muss man sich darüber bewusst werden, auf was genau man sich einlässt.

Eine wichtige Erkenntnis gleich zu Anfang: Es muss gar nicht immer das Bernsteinzimmer oder der Schatz der Nibelungen sein, dem man nachjagt. Denn vor allem bei letzterem dürfte es sich wohl tatsächlich um ein Hirngespinst handeln, hervorgegangen aus einer dauernden Vermischung von Realität und Fiktion. Hunderttausende gesunkene Schiffe, Piratenschätze, vergrabene Münzsammlungen, versteckte Beute aus Raubzügen – ob aus der Römerzeit oder der neueren Geschichte – gibt es hingegen tatsächlich. Und ob nun Naturkatastrophen, politische Verwicklungen, Kriege, Unfälle oder schlichtweg dumme Zufälle oder Unaufmerksamkeit – die möglichen Gründe dafür, dass Schätze irgendwo verloren herumliegen, sind zahlreich. Sogar pure Böswilligkeit kann dafür sorgen, wie das Beispiel einer alten Frau aus Deutschland zeigt, die einen nachweislich vorhandenen Nachlass im sechsstelligen Bereich irgendwo vergrub und der Familie, die ihr vorher wohl arg zugesetzt und trotzdem auf schnelles Geld gehofft hatte, nur einen Brief hinterließ, der besagte, dass niemand von ihnen etwas bekommen sollte, wenn sie den Nachlass nicht selbst finden würden. Seitdem suchen die Nachfahren – und auch Dritte, die von dieser Geschichte gehört haben – verzweifelt die Gegend ab, bisher aber ergebnislos. Die Dahingeschiedene dürfte derweil dort, wo sie jetzt ist, eine Heidenfreude daran haben, das Treiben zu beobachten.

Zu dem, was man landläufig unter Schätzen versteht, kommen außerdem noch all die Dinge, die früher wenig wertvolle Gebrauchsgegenstände gewesen sein mögen, heute aber alleine durch ihr Alter und ihre Seltenheit teilweise phantastische Werte erreichen könnten und irgendwo in den Wäldern, Äckern, Höhlen, Seen oder Weltmeeren schlummern. Wenn sie denn bloß nur jemand finden würde! Dabei, und auch das ist dokumentiert, kann man grundsätzlich immer und überall erfolgreich sein. Geographisch gibt es kaum Einschränkungen – der Acker im Münsterland kann deutlich ergiebiger sein, als die vermeintliche Schatzinsel in der Karibik. Und man hört auch sonst von den absurdesten Fundstellen, zum Beispiel in einem Totenschädel, im Badezimmer, beim Abbruch eines alten Gebäudes, im Kuhstall, an einem Strand auf Sizilien – und sehr oft rund um alte Klöster, deren Bewohner weltlichen Schätzen, wen wundert es, eben doch nicht so abgeneigt waren, wie sie gerne vorgaben.

Man kann sich aber bei der Schatzsuche – und das ist wahrhaft wertvoll – immer wieder selbst aussuchen, auf welches Abenteuer man sich nun einlassen will und welches man lieber den anderen überlässt – weil es einem zu gefährlich, zu undurchschaubar, zu langwierig oder zu anstrengend vorkommen mag. Viele kleine Schätze ergeben am Ende im Zweifel eben auch einen großen. Es gilt also: Alles kann, nichts muss. Wo, außer bei der Schatzsuche und im Swingerclub, hat man heute noch die Möglichkeit, sich so frei zu entscheiden, ohne gleich schief angeschaut zu werden?

Alleine die Auseinandersetzung mit dem Thema Schatzsuche ist dabei schon eine Schatzsuche für sich, während der man immer wieder über neue Perlen in Form von Anekdoten, großen geschichtlichen Bezügen oder auch Details der eigenen Familiengeschichte stolpert. Wer hätte etwa gewusst, dass die größte jemals gefundene Silbermünze aus dem 17. Jahrhundert stammt und unter der Regentschaft des indischen Mogulkaisers Aurangzeb in der Stadt mit dem schönen Namen Shahjahanabad herausgegeben wurde? Bei einem Durchmesser von 11,7 Zentimeter wiegt sie 2,29 Kilo, war damals 200 Rupien wert – und heute wohl eine halbe Million Euro. Oder wer hätte gedacht, dass schon einzelne Kelten riesige Reichtümer angehäuft hatten – in einer Zeit, in der man Gold noch nicht einfach in Barrenform bei der Bank kaufen konnte, sondern mühsam aus einheimischen Bächen gewinnen musste? Ein Jahrhundertfund durch einen pflügenden Bauern in der Oberpfalz in den 80er-Jahren brachte nicht nur 336 keltische Goldstücke im Gewicht von über zwei Kilo mit einem Millionen-Marktwert ans Tageslicht, sondern sorgte auch für den entsprechenden Erkenntnisgewinn. Die Funde erzählen die unterschiedlichsten Geschichten, von Krieg und Flucht, von Belagerung und Unterdrückung, von Mord und Totschlag – was kann es spannenderes geben?

Auf der Suche nach den Reichtümern vergangener Zeiten begegnen einem auch immer wieder große Namen. Kaiser Barbarossa etwa, der 1190 während des dritten Kreuzuges in der Türkei ertrank und dessen Leichnam – vor allem aber dessen Schatz – in den Wirren nach seinem Tod verlorengegangen und bis heute nur in Teilen wieder aufgetaucht ist. Oder der heute noch sprichwörtlich bemühte König Krösus, dessen 1966 entdecktes Essgeschirr mehrere hundert Millionen Euro wert sein dürfte. Ein weiteres Beispiel ist Joseph Stalin, der im Jahr 1942 ganze 465 Goldbarren in Murmansk an die Engländer übergeben ließ, um Rüstungsgüter zu bezahlen. Die *Edinburgh*, die vollgeladen mit den Schätzen auf dem Weg nach Großbritannien war, wurde dann allerdings von deutschen U-Booten torpediert und die wertvolle Fracht erst zwischen 1981 und 1987 von Tauchern mit Schneidbrennern geborgen. Und immer wieder: Hermann Göring und Heinrich Himmler, Größen des Nazi-Regimes, die noch vor ihrem Tod dafür gesorgt haben sollen, dass Raubschätze, Kunstwerke und andere Wertgegenstände versteckt und in Teilen bis heute nicht gefunden wurden. Über ihren Aufenthaltsort kursieren die verschiedensten Gerüchte – und was von manchem Schatzsucher schon für einen legendären Nazi-Schatz gehalten wurde, stellte sich als Ansammlung von Kronkorken heraus.

Die Suche in alten Stollen, Höhlen und Seen geht daher unvermindert weiter. Für mich persönlich beginnt sie allerdings erst, und zwar in den Wäldern des Taunus. Es ist ein brütend heißer Frühsommertag, an dem ich in Königstein, nicht weit von Frankfurt, aus dem Zug steige. Ich werde in einem PT-Cruiser abgeholt, jenem Wagen, der einer amerikanischen Gangster-Karosse nachempfundenen zu sein scheint. Und ein ganz klein wenig fühle ich mich auch wie in einem Film, als beträte ich eine verbotene Welt. Axel York Thiel-von Kracht, der große, massive Mann am Steuer, ist eine echte Erscheinung. Und für einen kleinen Moment könnte man fast Angst bekommen. Er ist ganz in schwarz gekleidet und flößt mir allein schon wegen seines Aufzugs Respekt ein. Fast schon entschuldigend erklärt er mir zur Begrüßung, dass er normalerweise eher in Flecktarn unterwegs ist. Ob es das besser macht, da bin ich mir für den Moment nicht so sicher. Die langen Haare trägt er zum Zopf gebunden, um seinen Hals baumelt eine

Nachbildung des Hammers von Thor, dem germanischen Donnergott. Doch spätestens wenn er im Dialekt seiner hessischen Heimat fröhlich zu plaudern beginnt, merkt man, dass man es mit einem äußerst umgänglichen Zeitgenossen zu tun hat.

Thiel-von Kracht gehört zu einer immer seltener werdenden Art: Dem Schatzsucher, der deutsche Wälder, Flure und Auen mit seinem Metalldetektor nach Kostbarkeiten absucht. Und mit ihm möchte ich mich gemeinsam auf die Suche machen, und zwar nicht irgendwo in der Südsee, sondern dort, wo früher der Limes das Reich der Römer von dem der Barbaren trennte, im heimischen Taunus. Wir halten am Rande eines Wohngebietes an, das von großen Einfamilienhäusern und Villen dominiert wird. Warum gerade hier? Mein Begleiter klärt mich auf: In dieser Gegend gab es schon immer Geld zu vererben. Und wo das der Fall ist, steigt die Wahrscheinlichkeit, dass der eine oder andere einen Teil seiner Schätze aus Angst vor Einbrechern – oder dem Fiskus – irgendwo vergraben hat. Manchmal fand er sie dann selbst nicht wieder, manchmal verstarb er auch, bevor er seinen Nachkommen davon erzählen oder ihnen zumindest den genauen Ort mitteilen konnte. Und wer weiß, vielleicht finden wir ja an diesem Tag genau ein solches Versteck? Ansonsten bleiben uns ja immer noch die Funde aus Römerzeit und den vielen Kriegen der letzten Jahrhunderte, für die die Gegend bekannt ist.

Mein Jagdfieber ist längst geweckt, aber Thiel-von Kracht holt mich wieder auf den Boden der Tatsachen zurück: »Sei froh, wenn wir überhaupt nur eine Münze finden. Große Funde sind deutlich seltener, als die Behörden gerne glauben.« Da ist er, der erste Hinweis auf die Rolle des Staates in der ganzen Sache. Aber noch verstehe ich nicht ganz, was damit gemeint ist und schaue stattdessen fasziniert dabei zu, wie sich mein Begleiter in Schale wirft. Knieschützer werden angelegt, um beim Graben auf dem Boden wenigstens ein bisschen Entlastung zu haben. Am Gürtel finden sich eine Schaufel, ein Messer und ein sogenannter Pinpointer, der per Ton anzeigt, wie nahe man an einem metallischen Gegenstand ist. Bevor dieser allerdings zum Einsatz kommen kann, muss man erst einmal einen Fund grob geortet haben – und dazu dient die Sonde, der Metalldetektor, der mit Hand und Unterarm gehalten wird und bis zu 30 Zentimetern Tiefe alles Metallische aufspürt, was zumindest Eisenqualität hat. Ein bisschen bekloppt sieht der Kollege jetzt schon aus, und als ich ihm das sage, lacht er schallend: »Was meinst Du, wie mich die Leute im Wald manchmal anschauen. Und wenn ich die kommen sehe, überlege ich mir schon vorher, was für eine absurde Geschichte ich denen jetzt auftische, um die Verwirrung noch ein wenig zu steigern.« Während ich mir das noch vorstelle, drückt er mir die gleiche Ausrüstung in die Hand und kurz danach sehe ich genauso aus wie er. Na, das kann ja ein Spaß werden.

Als ich dann nach dem zweiten Detektor greifen will, hält Thiel-von Kracht mich zurück. Und als er mir erklärt, warum ich ihn zwar begleiten, selbst aber keine Sonde bedienen darf, beginne ich zu verstehen, warum das Verhältnis zu den Behörden ein angespanntes ist. Zwar ist Thiel-von Kracht selbst seit vielen Jahren ehrenamtlicher Mitarbeiter des Amtes für Denkmalpflege in Hessen und liefert jedes Jahr eine dreistellige Zahl von historischen Funden dort ab. Allerdings gibt es in der Szene unter vielen ehrlichen Hobby-Archäologen auch eine Anzahl von Leuten mit nicht ganz so ehrenhaften Motiven. Diese sind in erster Linie auf der Suche nach Schätzen, die ihnen Geld in die Kasse spülen. Soweit, so gut. Aus dem Grund bin ich ja auch hier. Dass das aber – je nach Gesetzeslage in der betreffenden Region –, gänzlich illegal sein kann, ist diesen sogenannten Raubgräbern ziemlich egal. Ich kann für mich immerhin in Anspruch nehmen, es bis gerade gar nicht gewusst zu haben.

Um die Problematik zu verstehen, muss man ein wenig ausholen. Zunächst einmal ist das, was im Volksmund ein Schatz ist, nicht unbedingt das, was es in der Legaldefinition ist. Nach dem § 984 BGB ist ein Schatz nämlich eine bewegliche Sache, die so lange verborgen war, dass sich ihr Eigentümer nicht mehr ermitteln lässt. Bei Keltenfunden etwa darf man relativ sicher davon ausgehen, dass man den Enkel des ehemaligen Besitzers nicht mehr finden wird. In anderen Fällen spricht man von einer »Fundsache«. Und spätestens bei dieser Abgrenzung beginnen die Probleme, die sich bei der Frage nach den Ansprüchen auf die gefundenen Schätze noch steigern. Historisch galt bei wertvollen Funden zumeist das Prinzip der Hadrianischen Teilung. Nach diesem standen dem Finder und dem Eigentümer des Landes, auf dem der Fund gemacht wurde, je 50 Prozent des Schatzwertes zu. Wenn das Bundesland – in dessen Aufgabenbereich fällt die Denkmalpflege – den Fund also haben wollte, musste es zahlen. Das konnte zwar teuer werden, aber so ist es mit öffentlichen Aufgaben ja meistens. Umsonst ist nur der Tod. Immerhin sorgte diese Regelung dafür, dass Funde auch gemeldet wurden. Inzwischen hat sich der Gesetzgeber allerdings dafür entschieden, fast überall ein sogenanntes »Schatzregal« zu erlassen. Das heißt nichts anderes, als dass für den Fall, dass der Fund als historisch wertvoll angesehen wird, Finder und Grundstückeigentümer komplett leer ausgehen und das Land Eigentümer wird, ohne eine Entschädigung zahlen zu müssen. Für mich ist das natürlich zunächst einmal ernüchternd.

Wie sich so eine Regelung auswirken würde, hätte man durchaus vorausahnen können. In England, Wales und Dänemark etwa war man diesen Weg zwischenzeitlich auch gegangen, musste jedoch feststellen, dass die Zahl der Fundmeldungen drastisch eingebrochen war. Inzwischen ist man aber wieder dazu übergegangen, Finder und Landeigentümer zu entschädigen. Vor dem Hintergrund, dass es bei besonders wertvollen Funden ganz schnell einmal um ein paar Millionen Euro gehen kann, kam man auf die Lösung, einen Teil der staatlichen Lotterieeinnahmen dafür zu nutzen. Die Erkenntnis, dass der Wert gesicherter Schätze und archäologischer Ausgrabungen weit über dem rein monetären liegt, hat sich in den genannten Ländern inzwischen durchgesetzt. In Deutschland scheint man noch nicht so weit. Insgesamt wirkt das Schatzregal in der derzeitigen Form nicht mehr als der Versuch, alle möglichen Einnahmequellen für die öffentlichen Haushalte zu nutzen. Das führt dazu, dass Gräberfelder von echten Raubgräbern geschändet oder tatsächlich gefundene Goldschätze eingeschmolzen werden. Natürlich ist das kriminell. Das sehen auch die ehrlichen Sondengänger nicht anders. Aber der Archäologie dient die derzeitige Linie eben auch nicht.

Mit seinem EVZ-Verlag steht Thiel-von Kracht als Herausgeber von Deutschlands einzigem Schatzsucher Magazin, dem *Butznickel*, trotz seiner ehrenamtlichen Tätigkeit für das Land Hessen, ganz besonders im Visier der Behörden. Kurz vor unserem Treffen wurden, während er im Krankenhaus lag, seine Privat- und Verlagsräume per Gerichtsbeschluss durchsucht, allerdings ergebnislos. Je länger man ihm zuhört, desto deutlicher wird: Man muss schon mit viel Herzblut bei der Sache sein, um die regelmäßigen Scherereien mit Landesamt, Polizei, Förstern, Jägern, Bauern und sonstigen Landbesitzern auf Dauer auszuhalten. Die Frage, was erlaubt ist, und was nicht, ist nicht immer klar zu beantworten. Aber selbst wenn man von sich aus das Gespräch sucht, bewahrt einen das nicht davor, sofort in den Verdacht zu kommen, irgendwie Dreck am Stecken zu haben. Dabei, und das merke ich an diesem Tag selbst, sind die wirklich wertvollen Funde sehr, sehr selten und die Arbeit entsprechend mühsam.

Nichtsdestotrotz macht es natürlich auch Thiel-von Kracht am meisten Spaß, über tolle Funde zu berichten, die entweder eine besondere Geschichte zu erzählen oder einen besonders hohen Wert haben – oder am liebsten beides gleichzeitig. Und auch diese gibt es. Teilweise sind sie älter, so wie die Geschichte der Bauern, die im 19. Jahrhundert auf einem Acker bei Biesenbrow in der Uckermark hunderte römische und byzantinische Goldmünzen fanden. Teilweise sind sie aktuelleren Datums, dann aber zumeist aus dem Ausland, so wie die des rumänischen Sondengängers, der im September 2013 in der Nähe der rumänischen Stadt Ramnicu Valcea 47 000 Silbermünzen aus dem Osmanischen Reich mit einem Gesamtgewicht von 55 Kilogramm und einem Gesamtwert von rund einer halben Million Euro fand.

Viele Sondengänger haben ihre besonderen Interessensgebiete. Militaria etwa – militärische Antiquitäten also, von Munition über Orden bis hin zu Pickelhauben – stehen bei vielen hoch im Kurs, und es gibt Börsen oder spezialisierte Flohmärkte, wo man sich die Funde der anderen anschauen und diese auch erstehen kann. Nicht alles davon ist legal. Aber das hatten wir ja schon. Ein Sondengänger muss eben nicht nur geschichtlich bewandert sein, um seine Funde zuordnen zu können, sondern auch juristisch, um die richtigen nächsten Schritte zu wählen und nicht in Konflikt mit dem Gesetz zu geraten. Musketenkugeln, die man recht häufig findet, sind unproblematisch, weil sie ungefährlich und historisch nicht bedeutsam sind. Ähnliches gilt für Patronenhülsen – auch ein Fund, der sich über die Weltkriege reichlich angesammelt hat. Allerdings ist dies nur solange der Fall, wie die Hülsen leer sind, die Kugeln also abgefeuert wurden. Sonst macht man sich mit dem Besitz ganz schnell eines Verstoßes gegen das Kriegswaffenkontrollgesetz schuldig.

Überhaupt ist das mit den Waffen so eine Sache. Man glaubt als Laie gar nicht, wie voll der Boden mit Bomben- und Granatsplittern aller Größen und Arten ist. Alle paar Meter findet man etwas, einfach irgendwo im Wald. Wer keine Ahnung hat, was Krieg bedeutet, der lernt: Über die Jahrhunderte gab es wohl kaum einen Flecken deutschen Bodens, und sei er auch noch so abgelegen, auf dem nicht Menschen aufeinander geschossen haben oder unter Bomben- und Granatbeschuss gerieten. Dieser Umstand hat natürlich für die Sondengänger noch eine andere Dimension, denn wie man aus den Medien weiß, gab es in den Kriegsjahren viele Blindgänger. Und die liegen in Teilen auch heute noch in der Gegend herum. Als Thiel-von Kracht und ich an einer Stelle auf ein eindeutiges Signal stoßen und er wild zu graben beginnt, stockt mir der Atem: Von oben sieht das Stück aus wie eine Handgranate. Und während mein Begleiter weiter fröhlich hackt und rüttelt, erzählt er ganz nebenbei, dass durchaus regelmäßig Sondengänger von Blindgängern verletzt oder gar getötet werden, während ich mich frage, wie ich überhaupt auf die Idee kommen konnte, mich auf so einen Schwachsinn einzulassen. Am Ende behält der Erfahrenere unter uns Recht – es handelt sich wohl um ein stark verrostetes Teil eines römischen Wagens.

Ich atme einmal tief durch und freue mich, dass die meisten Fundstücke unserer gemeinsamen Suche am Ende genau aus der Zeit stammen, in der Menschen sich noch nicht mit Kugeln, Sprengstoff und Phosphorbomben bekämpft haben. Nur ist leider auch nichts Wertvolles darunter. An einer Stelle mitten im Wald lässt sich ein alter Weg erahnen, und tatsächlich finden sich entlang der vermeintlichen Schneise einige Keile und andere Eisenteile, die vermuten lassen, dass es sich um einen Bewirtschaftungsweg für Holzfällarbeiten gehandelt haben könnte. Das geübte Auge Thiel-von Krachts erspäht eine typische Köhlergrube, eine leichte Vertiefung, die früher genutzt wurde, um Kohle zu produzieren. Ein guter Ort zum Suchen, wie er meint, weil sich rund um diese Orte oftmals die Menschen versammelten, um gemeinsam zu warten. Außer einer Patronenhülse, die aus einer deutlich späteren Epoche stammt, finden wir aber nichts.

Am Ende des Tages sind wir nicht nur nass geschwitzt, sondern auch ordentlich von Insekten zerstochen. Die Bilanz fällt mager aus: Neben ein paar Patronenhülsen und Keilen, Kettenteilen, und einem seltsam geformten Wagenteil aus der Römerzeit, gehen uns ein paar alte Nägel, eine Musketenkugel und ein Löffel ins Netz. »Hätte der wenigstens ein Hakenkreuz drauf, dann wäre er etwas wert gewesen«, ist Thiel-von Krachts Kommentar. Hat er aber nicht, dafür aber den deutlich lesbaren Hinweis, dass es sich um rostfreien Stahl handelt, was klar zeigt: So richtig lange kann das Fundstück dort noch nicht gelegen haben.

Reich sind wir also an dem Tag nicht geworden. Und aufgrund der aktuellen Gesetzgebung ist das auch eher schwierig. Was allerdings spannend ist, sind Gespräche darüber, was wohl die Geschichte der gefundenen Gegenstände sein könnte. Wie kommt ein Löffel mitten in den Wald, wo weit und breit kein Weg zu sehen ist? Was ist wohl mit dem Soldaten passiert, der im Krieg seine Munition im Boden vergraben hat? Wollte er sie dort lassen? Oder kam er nicht mehr dazu, sie wieder auszugraben? Und was hat wohl der römische Wagenlenker getan, als sein Wagen unter ihm zerbrach?

Sich mit solchen Fragen zu beschäftigen, macht Spaß. Noch mehr allerdings, wenn es nicht nur bei Mutmaßungen ins Blaue hinein bleibt, sondern wenn man auch noch in der Lage ist, die Zuordnung der gefundenen Gegenstände auf Basis von weitreichenden Kenntnissen über Geschichte, Land und Leute durchführen zu können. Dabei gilt: Je besser man sich in der Historie der Gegend auskennt, in der man sucht, desto besser kann man die richtigen Stellen zur Suche auswählen. Hinweise bieten natürlich einschlägige Bücher und das Internet, aber auch Heimatvereine, Ortschroniken oder Stadtarchive, in denen etwa alte Wehranlagen, Burgen oder Schlösser erwähnt werden, von denen ansonsten vielleicht kaum jemand mehr etwas weiß. Auch Wege zu Wallfahrtskapellen, aktuelle oder alte Wanderwege oder Bewirtschaftungspfade erhöhen die Wahrscheinlichkeit für spannende, vielleicht auch wertvolle Funde.

Je mehr Geduld man in der Vorbereitung zeigt, desto größer ist die Wahrscheinlichkeit, am Ende tatsächlich etwas zu finden – oder zumindest Zeit zu sparen. Eine Garantie ist damit aber natürlich auch nicht verbunden – das ist das Wesen des Ganzen, und macht es sicher nicht weniger spannend. Wer erfolgreich war, aber nicht weiß, was er gefunden hat: Es gibt für alle Funde Experten, Foren und inzwischen auch einschlägige

Nachschlagewerke, in denen man unter anderem lernt, wie es etwa gelingen kann, mit Hilfe von Essigbädern Eisenfunde aus der Römerzeit wieder so herzurichten, dass sie zu einer Zierde für jede Vitrine oder jedes Wohnzimmerregal werden.

Sich mit der Pflege, vor allem aber auch dem Hintergrund der ausgegrabenen Teile zu beschäftigen, lohnt sich übrigens, wie auch Thiel-von Kracht feststellen musste. Über Jahre hatte er immer wieder Fundstücke aus der Zeit des Dritten Reiches verschenkt, weil ihn diese nicht besonders interessierten, andere aber umso glücklicher waren. Auf einem Flohmarkt, auf dem hauptsächlich Militaria angeboten wurde, verschlug es ihm dann die Sprache, als er sah, welche Preise für vergleichbare Funde aufgerufen wurden. Inzwischen ist er schlauer. Man lernt bei diesem Hobby niemals aus. Und genau das sorgt auch dafür, dass die, die einmal angefangen haben, kaum noch aufhören können.

Axel York Thiel-von Kracht wird auch in Zukunft weitersuchen. Er wird auch in Zukunft dem Landesamt für Denkmalpflege Hessen verbunden sein, das Schatzregal-Gesetz aber immer noch konsequent ablehnen. Er wird sich auch weiterhin überlegen, was die Geschichte seiner Fundstücke sein könnte. Und er wird diese und andere, die ihm zugetragen werden, aufschreiben und versuchen, mit dem Verkauf des Butznickel-Schatzsucher-Magazins das schlechte Image der Sondengänger etwas zu korrigieren. Ich allerdings werde das Thema nicht weiter verfolgen. Denn es ist mühsam, man steht immer unter Beobachtung – und selbst wenn man etwas findet, muss man davon ausgehen, dass man entweder nichts davon hat oder sogar mit einem Bein im Gefängnis steht.

Es gibt aber natürlich auch in diesem Umfeld Möglichkeiten, legal Geld zu verdienen. Indem man etwa Zubehör verkauft, vom Detektor über den Pinpointer bis hin zu Katalogen. Oder man lässt sich von Menschen beauftragen, die etwas verloren haben – oder in ihrem eigenen Grund und Boden einen Schatz vermuten, den einer der Vorfahren dort vergraben hat. Eheringe, Goldschätze, Handys oder Ohrringe – der Detektor in der Hand eines guten Sondengänger kann diese Dinge finden. Der Deal ist meistens, dass der erfolgreiche Sondler am Wert des Fundes beteiligt wird. Dabei sind Beteiligungen von zehn bis hin zu 25 Prozent üblich. Bei einer vergrabenen Krisenreserve aus Goldbarren in sechsstelligem Wert, für die die Familie zuvor schon den halben Garten erfolglos umgegraben hat, kann das richtig profitabel sein. Und ja, so etwas kommt tatsächlich vor, das Beispiel ist real. Am Ende freuen sich in einem solchen Fall Familie wie Sondengänger gleichermaßen.

Ein weiteres Spezialisierungsfeld war lange Zeit die Strandsuche. Früher galt dort das Strandrecht: Was man am Strand fand, durfte man auch behalten. Das hat allerdings über die Zeit dafür gesorgt, dass manchmal beim »Finden« etwas nachgeholfen wurde und immer wieder Schiffe von Ortsansässigen gezielt auf Untiefen gelenkt wurden, um sich dann (legal!) an der angeschwemmten Ladung zu bedienen. In Deutschland ist das Strandrecht seit 1990 nun aber abgeschafft und es gilt – wie überall sonst auch – das Fundrecht: Alles was man findet, und wo ein Eigentümer möglicherweise noch ermittelt werden kann, muss beim Fundbüro abgegeben werden. Holt der Eigentümer den Fund ab, erhält man fünf Prozent des Wertes als Finderlohn. Geschieht das innerhalb einer gewissen Frist nicht, erhält der Finder den Gegenstand zurück und wird damit selbst rechtmäßiger Eigentümer, allerdings nur, wenn er nicht vergessen hat, bei der Abgabe des Fundes auf sein Eigentumsrecht hinzuweisen. Ansonsten wird der Fund zu Gunsten des Fiskus versteigert.

Münzen bilden eine Ausnahme, weil dort jeder Fund einzeln gewertet wird und man somit niemals über die zehn Euro kommt, die als Untergrenze definiert sind, ab der man Fundsachen beim Fundbüro abgeben muss. Viele Münzen im selben Gegenwert sind also ein besserer Fund, als ein einzelner Schein. Funde am Strand können darüber hinaus auch noch aus anderen Gründen attraktiv sein: Geldmünzen aus aller Herren Länder, Ringe, Halsketten, aber auch immer wieder Hotelschlüssel, für deren Rückgabe sich Hotels gerne und großzügig erkenntlich zeigen, können nicht nur Spaß bringen, sondern auch ein paar Euro für die Urlaubskasse. Für mehr, da muss man ehrlich sein, reicht es aber wieder nicht. Dafür müsste man schon ein ganzes Schiff mit einem richtigen Schatz heben. Unmöglich? Würde man meinen. Bis man Nikolaus Graf Sandizell kennengelernt hat.

Um den Entdecker treffen zu können, muss man selbst fast zum Entdecker werden. Den Firmensitz von Arqueonautas Worldwide in der portugiesischen Hafenstadt Estoril findet man in einem Villenviertel, wo sich die Nachbarn in der Höhe ihrer Mauern zu übertreffen versuchen. Sandizells Büro liegt im hinteren Teil seines Hauses, das von allen Seiten von Pflanzen zugewachsen ist. Nur ein kleines, handgeschriebenes Schild, das man kaum findet, weist auf den Unternehmenssitz der Aktiengesellschaft hin. Der Mittelklassewagen des Grafen, großflächig mit Arqueonautas-Aufklebern versehen, steht mit dem gut sichtbaren Vermerk, dass er mit Gas unterwegs ist, vor der Tür. Das wirkt auf den ersten Blick sympathisch – aber nach großem Geld sieht es irgendwie nicht aus. Vielleicht ist das aber nur unnötiges Understatement?

Immerhin waren es die Fälle spektakulärer Bergungen in den Medien, die mich erst auf die Schatzsuche in den Weltmeeren brachte. Zu diesen gehört der des legendären Mel Fisher, der 16 Jahre vor der Küste Floridas nach der Nuestra Señora de Atocha suchte, sich mehr als einmal verrückt nennen lassen musste, um dann einen Schatz im Wert von 400 Millionen Dollar zu heben. Hat Sandizell ähnliches zu berichten? Das gilt es im Gespräch herauszufinden.

Betritt man die Geschäftsräume der Firma, lässt sich der maritime Bezug nicht mehr leugnen. Hinter Sandizells Schreibtisch thront der Nachbau einer portugiesischen Karavelle, in den zahlreichen Vitrinen finden sich Münzen, Löffel, chinesisches Porzellan – alles Stücke, die Sandizell mit seiner Firma bei Expeditionen gefunden hat. »Porzellan und Gold überstehen auch Jahrhunderte im Salzwasser weitgehend unbeschadet, deshalb lohnt sich die Suche danach ganz besonders«, erklärt der Graf, der aus einem alten bayrischen Adelsgeschlecht stammt. Das hört sich doch erst einmal ganz wunderbar an. Aber was braucht es, um an die Schätze heranzukommen? Ein Unternehmen etwa? Oder reicht ein einfacher Tauchschein? Den hätte ich immerhin.

Sandizells Geschichte gibt Aufschluss. Sein Geschäftsmodell besteht darin, Wracks mit wertvollen Ladungen aufzuspüren und zu heben. Die Idee, ein Unternehmen in diesem Bereich zu gründen, kam Sandizell im Jahr 1994, als er vor einer wichtigen beruflichen Entscheidung stand. Ursprünglich war er einmal Manager bei einem großen deutschen Maschinenbauer gewesen und für diesen in Spanien und Portugal tätig. Dort wollte er bleiben. Eine Gesetzesänderung, die das Schatzsuchen erst möglich und attraktiv machte, sowie ein paar Geschäftsfreunde mit dem nötigen Startkapital gaben ihm dazu die Möglichkeit – und damit den Ausschlag, Arqeonautas zu gründen.

Dabei darf man sich den Start nicht allzu einfach vorstellen, denn es ist ja nicht so, dass man einfach irgendwo ins Wasser springt und mit Händen voller Golddukaten wieder auftaucht. Zwar gibt es nach seriösen Schätzungen eine riesige Zahl von Schiffswracks auf dem Boden der Weltmeere – bis zu drei Millionen heißt es. Aber nur ein Teil von diesen – immerhin noch mehrere hunderttausend – führte wertvolle Ladung mit sich. Von vielen Schiffen weiß man nicht, wo sie genau gesunken sind und bei vielen darf man auch davon ausgehen, dass sie entweder kaum zu heben sind, oder die Schätze über die Jahrhunderte schon geborgen wurden. Bevor man also erfolgreich auf Schatzsuche gehen kann, bleibt man lange trocken, weil man sich wochen- und monatelang durch Archive graben muss, um Anhaltspunkte zu sammeln, die einen Einsatz lohnen. Oder man hat einfach unglaublich viel Glück und findet beim Speerfischen, beim Strandspaziergang oder beim touristischen Tauchen Wracks mit wertvoller Ladung oder zumindest Hinweise darauf. »Da können Sie aber eher Lotto spielen, als es darauf ankommen zu lassen«, zieht einem Sandizell diesen Zahn ganz schnell. Und wenig überraschend hat er sich daher auch von Vornherein nicht auf Glück, sondern auf seine Recherchen verlassen wollen. Tauchen, das habe ich spätestens jetzt verstanden, ist nicht die wichtigste Fähigkeit, um bei der Schatzsuche am Meeresgrund erfolgreich zu sein. Geduld, Genauigkeit und Management-Kompetenzen sowie die Fähigkeit, das nötige Kleingeld für Expeditionen aufzutreiben, scheinen deutlich wichtiger zu sein.

Während der Recherchephase zu Beginn seiner Tätigkeit kam Sandizell auch noch zu anderen interessanten Erkenntnissen. Zunächst einmal stieß er auf eine ganze Zahl von gescheiterten Suchen, die alle eines gemeinsam hatten: Es waren One-Man-Shows gewesen, die letztlich nicht an den Wracks an sich gescheitert waren, sondern an der Komplexität der Projekte insgesamt. Daher reifte seine Überzeugung: Es musste die richtige Herangehensweise sein, sich ein Team aus absoluten Experten zusammenzustellen. Darüber hinaus legte er weitere Leitlinien fest: Arqueonautas sollte sich auf die Bergung von Schiffen aus Gewässern bis 60 Meter Tiefe konzentrieren. Damit sind die meisten Küstengewässer abgedeckt, in denen auch heute noch die größte Zahl an Wracks liegt, »denn die meisten Schiffe sind ja dadurch gesunken, dass sie auf etwas aufgelaufen sind«, erklärt Sandizell. Projekte sollten darüber hinaus immer in enger Abstimmung mit den jeweiligen Regierungen laufen, vor deren Küsten man suchte, um nachlaufende Probleme zu vermeiden. Sinnvoll schien es Sandizell weiterhin, sich in erster Linie auf die Länder zu konzentrieren, die selbst nicht in der Lage sind, eine fachgerechte Ortung und Bergung maritimer Schätze sicherzustellen und zu finanzieren.

Inzwischen ist Arqueonautas in Mosambik, vor den Kapverden, in Indonesien und auf Einladung auch in Vietnam und

Brasilien aktiv geworden. Die Lizenz in Mosambik läuft seit 15 Jahren, was Sandizell als ein eindeutiges Zeichen dafür sieht, dass man sich immer professionell und gesetzestreu verhalten habe. Darauf legt er im Gespräch insgesamt großen Wert – und je länger man mit ihm spricht, desto klarer wird der Grund dafür. Oft – viel zu oft – werden entdeckte Wracks von Piraten oder unseriösen Bergungsgesellschaften ausgebeutet, im schlimmsten Fall sogar gesprengt. Das Wrack als Kulturgut ist damit genauso verloren wie die Geschichte der Schiffe. »Eine Schande«, wie Sandizell sagt.

In seinem Kampf für die Sicherung des maritimen Erbes kämpft er nicht nur gegen Piraten und die Zeit. »Innerhalb der nächsten Generation dürften die meisten wertvollen Wracks für immer zerstört sein – durch Plünderung, aber auch durch Schleppnetze oder andere moderne Fischereimethoden«, erklärt er. Auch überstaatliche Institutionen wie die UNESCO machen ihm das Leben schwer, weil sie dafür plädieren, die Schiffe und deren Schätze dort zu lassen, wo sie sind. »Aber wie sollen die denn dort am Ort, gerade in Entwicklungsländern, effizient geschützt werden?«, fragt er, um die Antwort gleich mitzuliefern: »Das ist unmöglich, wahrscheinlich sogar dann, wenn man eine funktionierende Küstenwache wie etwa in Europa hat.«

Insgesamt zeigt sich auch im Gespräch mit Sandizell, dass der Zeitgeist sich eher gegen die »Schatzsucher« entwickelt hat, zumindest in Bürokratenkreisen. Dabei bestreitet auch der Graf gar nicht, dass es unter den Schatzjägern eine Menge schwarzer Schafe gibt, »vielleicht sind es sogar die Mehrzahl«, schiebt er nachdenklich nach. Aber dass man deshalb gleich alle über einen Kamm schert und verteufelt, das mag er nicht einsehen. Sandizell ist überzeugt davon, dass man beim Schutz maritimer Schätze proaktiv vorgehen muss, aber diejenigen, deren Aufgabe das sein müsste, schaffen es nicht alleine.

Woher das Geld kommen soll, wenn nicht von öffentlichen Stellen? Aus dem Teilverkauf der Ladung. Aber dagegen wehren sich die meisten Experten mit Händen und Füßen. »Dabei handelt es sich doch in den meisten Fällen um repetitive Ladung ohne besonderes geschichtliches Alleinstellungsmerkmal«, meint Sandizell. Gold- oder Silbermünzen oder chinesisches Porzellan sind weitgehend erforscht und in großer Zahl erhalten, so dass ihr Wert für Museen oder Nationalarchive klein bis nicht existent ist. Privatpersonen indes sind bereit, viel Geld für solche Schätze auf den Tisch zu legen. Diesen Kompromiss möchte Sandizell auch in Zukunft empfehlen und mit der Ladung die Ortung, Bergung und Sicherung der Schiffswracks bezahlen – ein Unterfangen, das durchaus 15 000 Euro am Tag kosten kann. Noch dazu bildet Arqueonautas in den jeweiligen Ländern Spezialisten aus, die dann später ihre Expertise in den Dienst der Allgemeinheit stellen können. »Aber wenn die öffentlichen Stellen es nicht selbst machen können, dann ist es ihnen lieber, dass es niemand macht.« Sandizell schüttelt den Kopf und steht auf, um sich auf dem Balkon eine Zigarette anzuzünden. Man merkt dem Entdecker an, dass ihn das Thema, das er schon zigmal ausgeführt hat, immer noch aufwühlt. Und man fühlt sich unweigerlich an das Gespräch mit Axel York Thiel-von Kracht erinnert, den Sondengänger aus dem Taunus.

Je länger man sich mit Sandizell unterhält, desto klarer wird: Um Geld geht es ihm gar nicht in erster Linie. Weil es einem bei einer solchen Tätigkeit wohl gar nicht darum gehen kann, wenn man sie ehrlich, seriös und mit beiden Beinen auf dem Boden des Rechts stehend betreibt. Zehn Jahre lang hat er sich überhaupt kein Gehalt ausbezahlt, und auch für die Zukunft geht er nicht davon aus, dass er mit seinen marinearchäologischen Projekten reich wird. Das klingt zunächst einmal desillusionierend, wenn man wie ich auf der Suche nach dem schnellen Geld ist. Sandizell wirkt allerdings trotzdem überhaupt nicht unzufrieden, ganz im Gegenteil. Und er kann tatsächlich stolz sein, auf das, was er bisher erreicht hat.

Über 150 historische Wracks wurden von Sandizell und

seinen Mitarbeitern bisher geortet, 15 wurden geborgen und Zehntausende Stücke Ladung im Wert von vielen Millionen Euro gesichert. Sandizell steigt zwar selbst regelmäßig mit ins Wasser, um sich ein Bild von den Wracks zu machen und den Nervenkitzel zu spüren. So viel Abenteurer ist der Schatzsucher, der sich eigentlich als Manager versteht, dann doch. Wenn es ganz hart wird, lässt er allerdings die Spezialisten ran. Und selbst dann bleibt es eine anspruchsvolle und gefährliche Aufgabe, wie er und seine Mitstreiter schon kurz nach der Gründung von Arqueonautas schmerzhaft erfahren mussten. 1996 verunglückte vor den Kapverden einer der Taucher, der im Auftrag des Unternehmens unterwegs war, tödlich. Bis heute bleibt dies zwar der einzige Todesfall – aber er mahnt natürlich immer noch, die Macht des Ozeans nicht zu unterschätzen.

Fragt man Sandizell nach Wracks, die zu heben für ihn die Erfüllung wäre, fangen die Augen an zu blitzen. »Da gibt es vielleicht ein halbes Dutzend«, sagt er, um dann nach kurzem Zögern hinzuzufügen, dass man bei einigen davon recht sicher wisse, wo sie zu finden seien. Warum er dann in Portugal am Schreibtisch sitzt und nicht irgendwo im Ozean unterwegs ist? Dafür gibt es verschiedene Gründe. »Entweder man hat es mit Regionen zu tun, in denen es aus geopolitischen Gründen schwierig ist, zu arbeiten. Manchmal ist eine Bergung auch wegen einer besonders starken Strömung schwierig bis unmöglich«, erklärt er. »Oder aber die Objekte selbst bergen Zündstoff, wenn etwa ein portugiesisches Schiff irgendwo vor Indonesien mit Raubgütern aus Malaysia gesunken ist – so wie die Flor de la Mar im Jahr 1512.«

Der portugiesische General Albuquerque, der auf der Flor de la Mar das Sagen hatte, hatte die zur damaligen Zeit sagenhaft reiche malaysische Stadt Malakka geplündert und war mit großen Reichtümern – Porzellan, Gold und Silber – auf dem Rückweg nach Portugal, als das Schiff eines Nachts auflief. Albuquerque überlebte – die Schätze versanken in den

Fluten – und sind seitdem Stoff für Träume und Geschichten von Generationen von Schatzsuchern. Immer wieder machen Gerüchte die Runde, das Wrack sei gefunden worden. Bei näherer Betrachtung sind es dann doch eher Fischkutter, die aufgespürt wurden. Internetforen sind voll von Spekulationen, aber den genauen Ort scheint bis heute niemand zu kennen. Außer vielleicht dem Grafen und seinen Leuten? Der winkt lächelnd ab. Die Verantwortlichen der betroffenen Länder machen allesamt keine ernstzunehmenden Anstalten, das Schiff suchen oder gar bergen zu lassen, wohl wissend, dass dies zu fast unvermeidlichen politischen Verwerfungen führen würde. Man scheint die Schlachten aus der Vergangenheit nicht aufs Neue schlagen zu wollen.

Der Graf wartet also ab und träumt vorerst weiter von der Flor de la Mar, ohne wirklich etwas unternehmen zu können. Und wer weiß, vielleicht dreht sich ja irgendwann der Wind, vielleicht wird die Strömung günstiger. In ihrer Unvorhersehbarkeit ähneln sich die Politik und die Weltmeere, das dürfte kaum jemand bestreiten wollen. In der Zwischenzeit treibt Sandizell Projekte in Mosambik voran. Der Meeresboden ist dort noch voll von Schiffen, die entdeckt und geborgen werden wollen. Und jedes einzelne kann doch noch den ganz großen Schatz bringen. Das ist ein Versprechen für jeden, der sich dem Thema in Zukunft noch zuwenden möchte. Denn klar ist: Sandizell und seine Konkurrenten werden sicher nicht alles heben können, was auf dem Boden der Weltmeere noch verstreut ist. Schnelles Geld allerdings, das habe ich gelernt, ist das Geschäft nicht.

Ich nehme mir vor, beim Tauchen in Zukunft genau hinzuschauen, ziehe aber ein Leben als echter Schatzsucher nicht mehr weiter in Betracht. Insofern verlasse ich Portugal gut gebräunt, mit vielen neuen Eindrücken, aber ohne Antwort auf meine Ausgangsfrage. Meine Mission geht also weiter, aber ich bin immer noch frohen Mutes.

# Fazit

- Echte Schätze gibt es noch genug zu entdecken auf dieser Welt – man sollte allerdings immer sichergehen, dass man sich auf der richtigen Seite des Gesetzes befindet, wenn man anfängt zu graben oder zu tauchen.
- Für die richtige Ausrüstung muss man einiges investieren, ohne dass man eine Garantie hat, jemals etwas wirklich Wertvolles zu finden. Daher ist es sinnvoll, die Schatzsucherei in erster Linie als Hobby zu verstehen.
- Um die Erfolgswahrscheinlichkeit zu erhöhen, sollte man genügend Zeit für die Recherche einplanen, egal ob im Netz oder in Stadtarchiven.
- Ein profundes historisches und kunsthandwerkliches Wissen ist die Voraussetzung, um die Fundstücke ordentlich klassifizieren zu können. Sonst verschenkt man ganz schnell aus Unwissenheit einen wahren Schatz und behält den wertlosen Schrott für sich.

# Fortunas Segen – Die Sache mit dem Glück

*Jeder Mensch kommt mit einer sehr großen Sehnsucht*
*nach Herrschaft, Reichtum und Vergnügen*
*sowie mit einem starken Hang*
*zum Nichtstun auf die Welt.*
**Voltaire**

Der einfachste Weg zum Geld ist das Glück, das einem hold ist. Dumm nur, dass sich Fortuna eben weder zwingen noch planen lässt. Oder doch? Wenigstens ein bisschen? Hin und wieder? Auch wenn wir es nicht zugeben wollen: Die Zweifel, ob es nicht doch eine höhere Macht gibt, die es zu beschwören gilt, die man auf seine Seite ziehen kann, die einem in Person der Glückgöttin Fortuna ein Lächeln schenken kann – vielleicht das schönste Lächeln überhaupt! –, treiben doch jeden von uns ab und an einmal um.

Wir wissen, dass wir keinen Lottoschein anrühren, keinen Jeton beim Roulette setzen sollten – und wir tun es doch. Wir wissen, dass es in der Regel am Ende des Abends nur ein rationales Ergebnis geben kann: leere Taschen. Und trotzdem können wir es zu oft nicht lassen. Einer der größten Falschspieler der Geschichte, William »Canada Bill« Jones konnte selbst an den Tischen nicht vorbeigehen, von denen er wusste, dass an ihnen schon andere Betrüger zugange waren – und er sich deshalbbesser fernhalten sollte. Seine Begründung: Es sei nun einmal »das einzige Spiel am Ort.« Sobald er die Karten in der Hand hatte, agierte er wie immer eiskalt. Aber auf dem Weg zum Tisch fehlte ihm jede Rationalität.

Canada Bill machte am Ende trotzdem seinen Schnitt, aber seinen Methoden sollte man – auch mit Blick auf die eigene Gesundheit – eher nicht nacheifern. Mein Blick auf das Glück soll daher ein anderer, ein systematischer sein. Ich will nur dort Fortuna herausfordern, wo ich nicht schon vorher wissen kann, dass ich am Ende als Verlierer vom Feld gehe. Oder zumindest will ich meine Chancen ausreizen und die Risiken minimieren. Ich will gar nicht mehr von Glück reden, sondern vielmehr den Zufall in die Ecke drängen. Ich will auf Methoden setzen und nicht auf Aberglauben. Mein Ratgeber sind nicht die Auguren, nicht die Handleser oder Kartenleger, sondern die Mathematiker und Statistiker, die Strategen und Spieltheoretiker.

Was sagen sie zu Lotterien? Ist da überhaupt irgendwas

zu holen? Oder müsste man schon für die Frage ausgelacht werden? Dem bin ich genauso nachgegangen wie der Frage, ob man es mit ein wenig Aufwand nicht zum großen Gewinnspiel-König schaffen kann. Jeden Tag werden unzählige Reisen und andere wertvolle Preise verlost – da muss doch auf einigen mein Name stehen. Oder? Und natürlich habe ich mich meinem heimlichen Favoriten, der Quizshow genähert. Mit dem Ziel, dort richtig abzuräumen, das versteht sich ja von selbst. Hält das Format, was es mir immer zu versprechen schien, wenn ich zufällig bei *Wer wird Millionär?* reinschaltete? Oder heißt es am Ende »Außer Spesen nichts gewesen«?

# 4

## Das Spiel mit den Zahlen

*Lotterie und Erbschaft*
*Sind gefährliche Erwerbschaft,*
*Arbeitsfreude wird vergällt,*
*Wenn das Glück vom Himmel fällt.*
**Emil Claar**

Vielleicht war es Kalkül, vielleicht aber auch einfach nur Vergesslichkeit. Auf jeden Fall schrieb der große Voltaire im Jahr 1764 in einem seiner Stücke den bis heute viel zitierten Ausspruch: »Sie fragen, wie man zu solch einem großen Vermögen kommt? Man muss einfach Glück haben!« Das passte zwar in eine Zeit, in der die Menschen dem Glück nachjagten wie selten zuvor. Voltaire selbst hatte es aber einige Jahrzehnte zuvor, im Jahr 1728, nicht auf das Glück ankommen lassen wollen, ganz im Gegenteil. Als der damalige Generalkontrolleur der Finanzen, ein gewisser Pelletier des Forts, zum Abbau von Staatsschulden eine Lotterie ins Leben rief, kamen Voltaire und sein Freund, der Mathematiker La Condamine, zu dem Ergebnis, dass diese einen massiven Strickfehler beinhaltete. Kaufte man alle Lose, hätte man einen sicheren Gewinn in Millionenhöhe. Die Lose waren also entweder zu billig oder der Preis zu hoch. Aber der Grund war den beiden sowieso reichlich egal. Mit Hilfe von Freunden gründeten sie verschiedene Gesellschaften, kauften mehrere Male hintereinander alle Lose auf und strichen den Gewinn ein. Mehr als 7,5 Millionen Francs, nach heutigem Wert wohl zwischen 30 und 40 Millionen Euro, erspielten sie, bevor das System aufflog. In einem Gerichtsverfahren wurden sie freigesprochen, der Minister verlor allerdings kurze Zeit später seinen Job. Ihm war das Glück also nicht hold. Eigentlich hatte das alles mit Glück wenig zu tun. Eine Seite konnte rechnen, die andere nicht. So einfach ist es manchmal.

Fehler wie jener aus Voltaires Zeit finden sich in den modernen Lotterien nicht mehr. Insofern kann man auch mit Hilfe der Mathematik heute keine sicheren Gewinne mehr einstreichen. Zum besseren Verständnis und zur Optimierung der Gewinnchancen taugt sie allerdings durchaus. Dabei muss man an dieser Stelle deutlich sagen: Die Lotterie ist von allen untersuchten Ideen sicher diejenige mit der geringsten Wahrscheinlichkeit auf einen Volltreffer. Und trotzdem lohnt eine Betrachtung. Es gibt nämlich doch kleinere Optimierungsmöglichkeiten und damit die Chance, dem großen, schnellen Geld näherzukommen.

Dass eine normale Lotterie für die Teilnehmer aus mathematischer Sicht gesehen immer ein Minusgeschäft sein muss, lässt sich schon aus den Gründen ableiten, die für ihren Siegeszug gesorgt haben. Meistens ging es den Landes- oder Kirchenfürsten nämlich darum, die leeren Haushaltskassen zu füllen. Irgendjemand musste ja die oftmals aufwendige oder gar extravagante Hofhaltung finanzieren. Und besser als eine Steuererhöhung, die in der Geschichte immer die Gefahr eines Aufstands mit sich brachte, war eine Lotterie, bei der die Untertanen ihr Geld freiwillig bei Hof ablieferten, allemal. Ulrike Näther[iv] hat dazu eine Reihe ganz wunderbarer Beispiele zusammengetragen. Eberhard Ludwig etwa, Herzog zu Württemberg, nutzte die staatliche »Leibrentenlotterie«, um den Bau seines Schlosses zu finanzieren. Andere Lotterien finanzierten den Eisenbahnbau, und auch heute noch fließen jedes Jahr Milliardenbeträge aus den staatlichen Lotterien in wohltätige Zwecke. Das Land Baden-Württemberg etwa konnte aus den

Erlösen schon 1959 für damals sagenhafte 1,4 Millionen Mark einen Picasso für die Staatsgalerie kaufen. Werke von Gauguin, Renoir, Cézanne, Matisse und Modigliani folgten.

Zwar ist den meisten Spielern klar, dass die Wahrscheinlichkeit, zu gewinnen, tatsächlich sehr gering ist. Dass sie trotzdem spielen, ist eher darin begründet, dass man sich mit einem Los eine Lizenz zum Träumen, zur Spinnerei, ein Thema für laue Sommerabende mit Freunden – mit anderen Worten: etwas fürs Herz – leistet. Gerade diejenigen, die aufstiegsorientiert, gleichzeitig aber aus welchen Gründen auch immer in ihren Chancen limitiert sind, geben die 20 Euro im Monat gern aus, um den Traum am Leben zu halten. Einem Trugschluss erliegen viele Spieler aber dennoch: Je öfter man spielt, desto höher ist die Wahrscheinlichkeit auf einen Gewinn. Unser Bauchgefühl fühlt sich dabei zwar sofort bestätigt, aber es handelt sich einfach nur um eine logische Fehleinschätzung, für die es sogar einen Fachbegriff gibt, nämlich Spielerfehlschluss.

Weil jede Ziehung ein unabhängiges Ereignis darstellt, ist die Wahrscheinlichkeit immer gleich. Man spielt öfter mit der gleichen niedrigen Wahrscheinlichkeit. Beim Würfeln erhöht sich die Wahrscheinlichkeit, dass beim nächsten Mal die sechs fällt, ja auch nicht dadurch, dass sie dreimal hintereinander nicht gefallen ist – auch wenn man das gerne glauben will. Im Falle des Lottospielens hat das regelmäßige Spiel vor allem einen Effekt, nämlich den, dass man sich nach und nach dem mathematischen Erwartungswert, also dem Ergebnis, was auf Basis statistischer Wahrscheinlichkeiten zu erwarten ist, annähert. Vor dem Hintergrund, dass die Hälfte der einbezahlten Summe gleich einbehalten und abgeführt wird, ist dieser beim staatlichen Lotto nicht besonders attraktiv: Man verliert am Ende im Schnitt knapp die Hälfte seines ursprünglichen Einsatzes.

Ein paar Dinge kann man allerdings tun, um wenigstens dafür zu sorgen, dass man im unwahrscheinlichen Falle eines Volltreffers nicht trotzdem dumm aus der Röhre schaut. So raten die Fachleute der Lotto-Gesellschaft dazu, eher mit höheren Zahlen zu arbeiten, weil sich alles unter 31 eignet, um Daten zu tippen. Offenbar glauben viele Menschen, dass sie die Wahrscheinlichkeit auf einen Gewinn erhöhen, wenn sie auf ihr Geburts- oder Hochzeitsdatum setzen. Davon machen eine Menge Spieler Gebrauch – und so besteht immer die Gefahr, dass man sich einen Gewinn mit einer großen Zahl von Spielern mit demselben Geburtsdatum teilen muss. Die 19 sollte man aus diesem Grund schon aus Prinzip außen vor lassen (sie ist tatsächlich die am meisten getippte Zahl), denn die ist bei jedem, der derzeit volljährig ist und damit offiziell Lotto spielen darf, im Geburtsdatum enthalten. Über die Zeit dürfte sie allerdings zunehmend von der 20 abgelöst werden – sei es, weil die Kinder der Spieler irgendwann nach dem Jahr 2000 geboren wurden, sei es, weil die Geburtenjahrgänge ab dem Millennium selbst in wenigen Jahren beginnen, Lotto zu spielen.

Abgeraten wird auch davon, bestimmte Muster wie Sterne oder Diagonalen oder Zahlenreihen wie etwa 1 bis 6 zu tippen, da dies pro Ziehung mehrere Zehntausende Menschen tun, wie wissenschaftliche Auswertungen des Schweizer Professors Hans Riedwyl ergeben haben. Auch die Zahlen der allerersten Ziehung aus dem Jahr 1955 werden immer noch gerne genommen – die 3, die 12, die 13, die 16, die 23 und die 41 – und bieten daher selbst wenn sie gezogen werden relativ schlechte Auszahlungsbeträge. Auch wer stattdessen darauf setzt, immer die in der Vergangenheit am wenigsten getippten Zahlen anzukreuzen, sollte sich dabei bewusst sein: Die Information darüber hat er nicht exklusiv, ist diese doch auf zahlreichen Seiten im Internet zu finden. Es ist im Gegenteil gar nicht unwahrscheinlich, dass recht viele Menschen denselben Gedanken haben und diese Strategie anwenden. Das könnte wiederum zu einem bösen Erwachen führen. Vielleicht ist es daher immer noch der beste Tipp, seine Zahlen zu Hause selbst über ein Zufallsverfahren auszuwählen – ob nun mit Papierschnipseln oder beschrifteten Tischtennisbällen, ist sicher Geschmacksache – und diese nur auf die oben definierten Ausschlusskriterien zu testen (also etwa: keine 19, keine Diagonalen, keine Zahlenreihen). Das garantiert einem zumindest, dass nicht irgendwo ein paar andere Füchse sitzen, die genau denselben Gedanken wie man selbst hatten und man sich so gegenseitig den möglichen Jackpot kaputtmacht.

Wer es vorzieht in Tippgemeinschaften zu spielen, kann das gern tun. Was sich dagegen als wenig sinnvoll erweist, ist die Nutzung von Systemlotto-Anbietern. Die Begründung dafür ist so einfach wie einleuchtend: Neben den Einsätzen, die von der Lotterie-Gesellschaft einbehalten werden, möchte ja auch der Anbieter der Systemwetten etwas verdienen. Und zwar in jedem Fall und nicht nur, falls es zu einem Gewinn kommt. Dafür wird von den Zahlungen der Spieler direkt etwas einbehalten und nur die Restsumme gesetzt. Man bekommt also im Vergleich zum selbstorganisierten Spiel gewissermaßen weniger Lotto fürs gleiche Geld. Und das, obwohl man ja eigentlich das Gegenteil davon erreichen wollte.

Auch was die Höhe des Gewinns angeht, sollte man – zumindest wenn man an Lotterien im Ausland teilnimmt – vorsichtig sein. Während Geld aus Glücksspielen wie dem Lotto in Deutschland steuerfrei ist, sieht es in der Schweiz, um nur ein Beispiel zu bemühen, ganz anders aus. Von jedem Gewinn gehen dort 35 Prozent »Verrechnungssteuer« direkt an den Fiskus, die der Glückspilz trotz richtiger Zahlen niemals auf seinem Konto sehen wird. Noch dazu sind auf die dann verbleibenden Einkünfte Einkommenssteuern abzuführen, die von Kanton zu Kanton unterschiedlich sind. Da kann es bei einem hohen Gewinn gleich einmal um ein paar Millionen Franken gehen. Und da ist es definitiv ratsam, sich sehr genau mit den gesetzlichen Regelungen auseinanderzusetzen, um zu vermeiden, dass man plötzlich vom Lottogewinner zum Steuerhinterzieher wird und die Jahre nach dem Gewinn anstatt am Strand der Bahamas in einem Schweizer Gefängnis verbringt.

Am Beispiel vieler Lotto-Gewinner sind übrigens auch die

Gefahren plötzlichen Reichtums bestens zu studieren, insbesondere vor dem Hintergrund, dass viele Jackpot-Knacker nicht anonym bleiben. Ganz normale Menschen stehen plötzlich mit Säcken voller Geld unter dauernder Beobachtung, locken halbseidene Gestalten an, die nicht an ihnen, sondern an ihrem Geld interessiert sind und müssen sich plötzlich mit Herausforderungen auseinandersetzen, für die sie nicht gewappnet sind. Schon der allererste Großgewinner in der bundesdeutschen Geschichte, ein Hausierer mit dem schönen Namen Walter Knoblauch, wurde mit seinem Gewinn von einer halben Million Mark im Jahr 1956 nicht glücklich. Übertriebener Konsum und falsche Freigiebigkeit, schlechte Investments und Überheblichkeit – in sein pleitegegangenes Unternehmen hängte er eine Schild mit den Worten »Wegen Reichtum geschlossen« – sorgten dafür, dass er mit seiner Frau in ein Obdachlosenasyl ziehen und sich wieder als Bürstenverkäufer verdingen musste. Und das, obwohl er sogar ein zweites Mal gewann, dieses Mal 300 000 Mark. Walter Knoblauch starb erst 1995, völlig verarmt.

»Lotto-Lothar«, der wohl bekannteste Fall, schaffte es sogar deutlich schneller, sich komplett zugrunde zu richten. Nach seinem Millionengewinn im Jahr 1994 wurde er mit seinen Eskapaden zu einem Dauergast in den Boulevardzeitungen der Republik. Vor dem großen Tag noch Sozialhilfeempfänger, gönnte er sich danach all das, was aus seiner Sicht einem Millionär angemessen war: Pferde, Autos, Partys auf der ganzen Welt. Die Ehefrau wurde durch ein deutlich jüngeres Bargirl ersetzt, dem er auch das verbliebene Geld vermachte, als er fünf Jahre nach seinem Gewinn am Suff starb. Seine Frau soll heute bei einem Landwirt als Kartoffelsortiererin arbeiten.

Andere Lotto-Glückspilze wanderten vor ihrem Ableben noch für Jahre ins Gefängnis. Weil sie allzu freigiebig mit ihren Millionen umgegangen waren und kein Geld mehr da war, als sie es selbst brauchten, wurden sie immer wieder straffällig. Nach der Haft waren regelmäßig Frauen, vermeintliche Freunde und die letzten Reste des Geldes weg. In Großbritannien ist seit einiger Zeit gar von einem Lotto-Fluch die Rede, weil sich immer wieder Paare kurz nach einem großen Geldgewinn trennen. Oft ist der Grund dafür Streit über den richtigen Umgang mit dem Geld: Während einer von beiden bodenständig bleiben und das Geld als Altersvorsorge nutzen will, möchte der oder die andere mal richtig über die Stränge schlagen. Alles nicht so einfach, wie es aussieht.

Ein Blick auf die Ursprünge der heutigen Lotterie »6 aus 49«, die inzwischen insgesamt etwas über 5000 Lotto-Millionäre produziert hat, ist durchaus spannend. Schon zuvor hatte es in verschiedenen Ländern immer wieder lotterieähnliche Spiele gegeben, im 16. Jahrhundert wurde dann allerdings der direkte Vorläufer zum ersten Mal durchgeführt. Damals wurden in Genua aus 90 Wahlbürgern immer jeweils fünf für einen Sitz im Senat ausgelost und die Menschen begannen darauf zu setzen, wen es denn treffen würde. Erst vom 18. Jahrhundert an breitete sich diese Idee im restlichen Europa aus, und auch im Gebiet des heutigen Deutschlands dauerte es bis zum Jahr 1735, als der Kurfürst Karl Albrecht von Bayern eine solche Lotterie ins Leben rief. Natürlich um die leeren Staatskassen zu füllen, wie hätte es auch anders sein können.

Schnell bildete sich auch um die Lotterien herum fleißige Geschäftstätigkeit heraus. Bücher, Almanache und Kalender sollten bei der Wahl der richtigen Zahlen behilflich sein. Traumdeuter versuchten Zahlen mit Hilfe von allerlei Schnickschnack, etwa mit Traumfächern, vorauszusagen. Wahrsagerinnen, aber natürlich auch Kirchenmänner, erklärten sich gegen einen gewissen Obolus gerne bereit, die Geister gnädig zu stimmen. Die ersten Jahre der Lotterien waren, das kann man wohl mit Fug und Recht behaupten, wilde Zeiten.

Die moderne Variante – mit Gewinnklassen und Jackpot – wurde laut Westlotto aber erst von einem Herrn namens Lothar Lammers geprägt. Er kam auf die Idee, aus »5 aus 90« eine »6 aus 49« zu machen, um die Gewinnwahrscheinlichkeit zu erhöhen und das Spiel attraktiver zu machen. Das war der Durchbruch für Lotto in Deutschland – und auch Lammers konnte davon finanziell profitieren. Nicht direkt, sondern über den Schub, den die Erfindung für seine Karriere brachte. Im Gegensatz zu seinem Namensvetter, dem eben erwähnten unglücklichen Lotto-Millionär, hat es dieser »Lotto-Lothar« allerdings verstanden, mit Ruhm und Wohlstand umzugehen.

Die Durchführung von Lotterien ist natürlich nicht auf den Staat begrenzt. Auch Unternehmen nutzen das Instrument, um Kunden anzulocken und zu binden. Und auch Privatleute haben Verlosungen immer wieder für sich genutzt, in der einen oder anderen Form. Nicht alle sind dabei so spektakulär und anrüchig wie die von Ulrike Näther dokumentierte Selbstversteigerung einer Dame, die unter dem Namen »Aurora Fortuna« in die Geschichtsbücher einging. Immerhin 24 000 Lose soll sie an heiratsinteressierte Herren abgesetzt haben – wie die Geschichte zu Ende ging, ist nicht überliefert. In den letzten Jahren zogen vor allem Verlosungen von Häusern große öffentliche Aufmerksamkeit auf sich. Ob nun eine Traumvilla in Österreich oder eine Finca auf Mallorca, immer wieder tauchten Verlosungen im Internet auf, bei denen Interessierte Lose für 49 bis 99 Euro kaufen konnten – mit der Chance darauf, am Ende Besitzer des Verlosungsobjektes zu werden. Die begrenzte Zahl der Lose sollte eine besonders gute Chance für jeden einzelnen Mitspieler garantieren – und wie so häufig setzen bei solchen vermeintlichen Traumangeboten die für Berechnungen zuständigen Gehirnzellen vieler Menschen aus, und der Bauch übernimmt das Kommando.

Der Wert der maximal zu verkaufenden Lose übersteigt bei solchen Aktionen regelmäßig den eigentlichen Wert des Hauses. Daraus ergibt sich auch der Reiz für den Verkäufer: Der kann so im besten Falle Einnahmen deutlich über dem Marktwert der Immobilie realisieren. Und auch die Kosten der Durchführung halten sich – wenn man es clever anstellt – in Grenzen: Eine einfache Webseite, ein bisschen Trommeln in den sozialen Netzwerken, vielleicht ein paar Anzeigen auf Facebook – und schon rennen einem die Interessenten die Bude ein. Im Falle des österreichischen Geschäftsmannes Karl Rabeder konnten immerhin 2,178 Millionen Euro für seine 321-Quadratmeter-Villa erlöst werden. Der Wert lag laut Gutachten allerdings nur bei rund 1,5 Millionen Euro. Rabeder konnte also ein dickes Plus einstreichen, auch wenn er laut Recherchen der Süddeutschen Zeitung behauptet, die Differenz sei für Administrationskosten draufgegangen.

Nach deutschem Recht sind solche Verlosungen ohnehin verboten und Experten raten davon ab, sich daran zu beteiligen. Selbst für den Fall, dass man als Gewinner gezogen wird, seien die Risiken einfach viel zu groß. Wer nun bei einer solchen Aktion mitgemacht und das Gefühl hat, damit auf die Nase gefallen zu sein, der kann sich immerhin damit trösten, dass er sich damit in bester Gesellschaft befindet. Niemand geringeres als der deutsche Volksdichter Johann Wolfgang von Goethe nahm im Jahr 1797 an einer Lotterie teil, bei der es einen Landsitz zu gewinnen gab. Er erwarb gleich mehrere Lose und schwelgte schon in Phantasien, wie er sein neues Luxusleben als Gutsbesitzer gestalten wollte, ging aber entgegen seiner Überzeugung leer aus. Das verdarb ihm einige Tage ordentlich die Laune und zeigt uns ganz nebenbei: Auch die großen Geister sind im Grunde nur ganz normale Menschen, die vom schnellen Geld träumen und sich dann und wann zu unvernünftigen Aktionen hinreißen lassen.

Am Ende bleibt die Erkenntnis: Bei Lotterien hat man nicht nur die Wahrscheinlichkeiten, sondern in der Regel auch die Erwartungswerte gegen sich. Wer also versucht, möglichst rationale Entscheidungen zu treffen, sollte sich eine andere Freizeitbeschäftigung suchen. Neben dem Spaß am Spiel können nur der Glaube an Schicksal, Karma oder Gottes Hand valide Argumente sein. Es wundert daher kaum, dass schicksalsgläubige Katholiken deutlich öfter tippen, als sparsame Protestanten – Bayern und das Rheinland sind laut einer Untersuchung des Max-Planck-Instituts die Hochburgen der deutschen Lottospieler.

Und ab und an, wenn auch sehr selten, kann man das Gefühl haben, dass Gott tatsächlich seine Hände bei der Auswahl der Kugeln im Spiel hat. Man denke nur an den amerikanischen Ordensbruder, der sage und schreibe 259,8 Millionen US-Dollar gewann. Weil er allerdings ein Armutsgelübde abgelegt hatte, durfte er diesen Gewinn gar nicht behalten. Bis auf ein wenig Geld für die Altersvorsorge zumindest. Die wohltätigen Organisationen, die er mit üppigen Geldspenden bedachte, dürften das Gefühl gehabt haben, selbst im Lotto gewonnen zu haben. Und das, ohne auch nur ein Los gekauft zu haben. Wenn es doch nur immer so einfach wäre! Aber ich überlasse das Träumen vom großen Lotto-Jackpot anderen und sehe mich nach alternativen Möglichkeiten um, den großen Preis abzuräumen.

## Fazit

- Lotto ist und bleibt ein nicht zu beeinflussendes Glücksspiel mit einem Erwartungswert deutlich im roten Bereich.
- Wenn man es dann doch nicht lassen kann, sollte man sich auf gar keinen Fall an Geburtsdaten oder Mustern auf dem Lottoschein orientieren. Denn das erhöht die Wahrscheinlichkeit, dass die Summe im Fall eines Gewinnes mit anderen geteilt werden muss.
- Falls man tatsächlich das große Los zieht, sollte man sich sehr bewusst mit den Herausforderungen auseinandersetzen, die dann auf einen zukommen. Sonst läuft man Gefahr, am Ende noch unglücklicher zu sein, als vor dem großen Gewinn.
- Private Verlosungen, bei denen die Teilnahme kostenpflichtig ist, sollte man sich sehr genau anschauen. Hausverlosungen etwa bergen reichlich Gefahren – und der einzige sichere Gewinner ist der Veranstalter.

# 5

## Das ganze Leben ist ein Gewinnspiel

*Sag nicht alles, was du weißt,*
*aber wisse immer, was du sagst.*
**Matthias Claudius**

Einmal im Leben wird es für jeden von uns Zeit, reinen Tisch zu machen. Und für mich ist dieser Moment jetzt gekommen. Ja, ich gestehe, ich habe einmal nicht ganz fair gespielt und bei einem Gewinnspiel dadurch ordentlich abgeräumt. Dabei halfen mir aber kein ausgeklügelter Masterplan oder aufwendig gefälschte Würfel, Karten oder Lose, wie es sie im Laufe der Geschichte immer wieder gab. Vielmehr habe ich einfach eine Möglichkeit, die sich mir bot, gnadenlos ausgenutzt.

Ich muss so etwa zehn Jahre alt gewesen sein, als ich mit meiner Familie zu Besuch auf dem Schulfest meiner Cousine war. Und dort gab es eben auch ein Gewinnspiel, das darin bestand, dass man auf einer großen Europakarte, wie man sie aus dem Erdkundeunterricht kennt, Nadeln einstecken sollte. Die Teilnahme kostete natürlich Geld und nur mit etwas Glück erwischte man genau die Region, in der der Lehrer zuvor einen Ort ausgewählt, diesen aufgeschrieben und den Zettel in einem versiegelten Umschlag deponiert hatte. Es handelte sich also um ein reines Glücksspiel, das ähnlich wie eine Lotterie aufgesetzt war – so zumindest der Plan. Dummerweise – aus Sicht der anderen Teilnehmer – hatte ich den Lehrer bei der Auswahl des Ortes beobachtet und wusste daher, dass meine

Nadeln irgendwo rund um die rumänische Walachei gut angelegt sein dürften. Und so kam es dann auch: Der erste und der dritte Preis gingen unter dem verdutzten Gemurmel der anderen Teilnehmer an mich, und nun war ich stolzer Besitzer einer Swatch-Armbanduhr, die damals richtig cool war. Meinen Eltern gestand ich schon auf der Heimfahrt meine Gewinnstrategie – anstatt Ärger gab es Gelächter. Ich schwor mir, auch in Zukunft ähnliche Situationen zu nutzen. Doch die wollten und wollten sich nicht einstellen.

Meine nächste große Chance sah ich erst viele Jahre später. Die Uhr war längst kaputt oder verlorengegangen, wer weiß das schon so genau. Dafür gab es ein Auto zu gewinnen, auf dem Davis Cup, dem wichtigsten Wettbewerb für Nationalmannschaften im Herrentennis. Und ich durfte dabei sein, genau am Wochenende meines 18. Geburtstags. Wenn das kein Zeichen war! Die Aufgabe, die es zu lösen galt, ist einfach beschrieben: Man musste nur die Zahl der Tennisbälle richtig schätzen, die eifrige Helfer in das Auto gekippt hatten. Das sekttrinkende Schickimicki-Publikum schien mir kaum eine größere Konkurrenz zu sein, denn wenn überhaupt jemand von dem Gewinnspiel Notiz nahm, dann wurden einzelne Teilnahmekarten ausgefüllt und eingeworfen, während ich jede Spielpause nutzte, um stapelweise Papier mit meinen strategisch ausgeklügelten Schätzwerten zu befüllen. Ich kann es mir bis heute nicht erklären, aber das Auto gewann dann doch ein anderer. Und ich hatte noch dazu vor lauter Gewinnspieleifer die Autogrammstunde mit meinem großen Idol Michael Stich verpasst. So blöd kann es laufen. Danach habe ich mich von Gewinnspielen erst einmal ferngehalten.

Dann gelang es meiner Freundin Leena, mein Interesse erneut zu wecken. Sie und ihr Mann Lennart gewannen regelmäßig bei Gewinnspielen – und zwar so regelmäßig, dass ich mich gezwungen sah, dem Thema noch einmal Aufmerksamkeit zu schenken. Denn irgendetwas schien an der Sache dran zu sein, schafften die beiden es doch, die Wahrscheinlichkeiten für sich positiv zu beeinflussen. Aber wie? Die Regeln, die Leena und Lennart für sich aufgestellt hatten, waren klar: Nur kostenlose Gewinnspiele durften es sein. Dazu gehörten etwa Verlosungen von Radiosendern mit einer kostenfreien Hotline oder Gewinnspiele, bei denen man die Teilnahmekarten vor Ort, also etwa in einem Baumarkt, Autohaus oder Einkaufszentrum direkt abgeben oder einwerfen kann – und damit nicht gezwungen ist, in Porto zu investieren.

Über die Zeit hatte vor allem Lennart die ungeschriebenen Gesetze der verschiedenen Gewinnspielanbieter immer besser durchschaut und kannte bald bis auf die Sekunde genau die Zeitpunkte, zu welchen man bei gewissen Sendern anrufen musste, um durchzukommen. Die entsprechenden Nummern lagen dann natürlich längst auf der Wahlwiederholungstaste und so gelang es den beiden im Laufe der Zeit, einen Preis nach dem anderen abzuräumen. Das Highlight bleibt bis heute wohl ein Strandbuggy in Speziallackierung. Und vermutlich wird es dabei auch erst einmal bleiben. Erstens, weil die beiden inzwischen Nachwuchs bekommen haben und morgens, wenn die meisten Gewinnspiele im Radio stattfinden, nun andere Themen vorherrschen. Und zweitens, weil sie inzwischen bei einigen Sendern auf der schwarzen Liste stehen und nicht mehr gewinnen dürfen. Das hörte sich an, als ob da ein Platz zu vergeben wäre. Vielleicht war meine Zeit jetzt gekommen?

In nur wenigen Monaten habe ich also an über tausend Gewinnspielen teilgenommen. Zum größten Teil waren es internetbasierte Verlosungen, aber auch bei weit über hundert Postkartengewinnspielen habe ich mein Glück versucht. Dazu kamen Gewinnspiele in Fußgängerzonen, Supermärkten oder vor kleinen Geschäften, wo man entweder sofort etwas gewinnen oder sein Zettelchen in eine bereitstehende Box werfen konnte. Ich habe bei jedem wichtigen und unwichtigen Fußballspiel, das im Fernsehen übertragen wurde, per Anruf oder SMS am Gewinnspiel teilgenommen, auch wenn die Fragen gefühlt jedes Mal dämlicher wurden. Dasselbe galt für jede Castingshow, jede Gameshow, oder wo mir sonst noch Möglichkeiten begegnet sind, schnell 50 Cent pro Anruf loszuwerden, immer in der Hoffnung, wenig später erst einmal aller Sorgen ledig zu sein.

Ich habe Biersorten gekauft, die ich sonst nie kaufen würde, nur um die auf der Innenseite der Kronkorken versteckten Codes im Internet einzugeben und auf den großen Gewinn zu hoffen. Ich habe Süßigkeiten gekauft, in ungesunden Mengen (und sie dann leider auch gegessen), nur um mit meinen Kassenbelegen an den entsprechenden Gewinnspielen teilnehmen zu können. Ich habe Kreuzworträtsel gelöst. Viele Kreuzworträtsel. Inzwischen rechne ich in Rätselheften, nicht mehr in einzelnen Rätseln. Ich habe im Internet unzählige Memory-Spiele gespielt, die auf den Seiten der Anbieter Klicks simulieren und damit die Werbepreise hochtreiben sollen, nur um Gewinnspiele freizuschalten. Ich habe virtuell Muppets befreit, Torten gefangen, Muscheln gesammelt und die richtige Reihenfolge eines Käseherstellungsprozesses beschrieben. Ich habe Flaggen gesammelt, Bilder gemacht und verschickt, gedichtet, Worte erfunden und mit schlechten Hilfsmitteln noch schlechtere Jingles »komponiert«, um nur einige Beispiele zu nennen. Ich habe so ziemlich an allen Tippspielen zur Fußball-WM teilgenommen. Und an allen Verlosungen sowieso. Gefühlt gab es ja monatelang niemanden, der nicht mit irgendeinem Bezug zu Brasilien, zum Fußball an sich oder zur Nationalmannschaft werben und dazu auch reichlich schwarz-rot-goldene Preise unters Volk bringen wollte. Natürlich habe ich auch ganz normale Quizfragen beantwortet. Ich habe das Gefühl, ich weiß jetzt alles, egal ob es um Einmachgurken, Senf, Schokoladenspezialitäten, die Nordseeregion, den Bayerischen Wald, die Herstellung von Motorrädern, die Flugdauer nach Panama oder das Gründungsdatum von Linkin Park geht.

Dabei war ich durchaus noch selektiv bei der Auswahl der Gewinnspiele. Man glaubt gar nicht, wie viele es davon gibt. Man sollte sich übrigens durchaus überlegen, was die Motivation der Gewinnspielveranstalter ist und das eigene Verhalten daran anpassen. Diejenigen Spiele etwa, die schon auf den ersten Blick eindeutig als reine Lockangebote von Adressmaklern zu erkennen waren, habe ich großräumig umschifft. Woran man die erkennt? Daran, dass sie im Gegensatz zu den meisten seriösen Anbietern nicht nur Name und E-Mail-Adresse, vielleicht auch noch die Postadresse, wissen wollen, sondern so ziemlich alles, was sie bekommen können. Und dazu gehört meistens auch die Einwilligung, die angegebenen Daten an verschiedene Firmen weitergeben zu dürfen, die dann wiederum auf allen Wegen, mit »Produktinformationen« an einen herantreten können.

Darüber hinaus sind meistens schon die Internetseiten und das jeweils dazugehörende Impressum ein klarer Indikator: Wenn schon in der Adresse irgendetwas mit »Gewinnspiele«, »Win«, »Umfrage«, »Survey« oder ähnliches zu finden ist, und wenn dann der Veranstalter auch noch irgendetwas mit »Marketing«, »Ad« oder »Daten« im Namen hat, sollte man sich auch von noch so spannenden Preisen nicht locken lassen, wenn man nicht in Zukunft auf allen Kanälen mit einem stetig wachsenden Aufkommen von Werbung und lästigen Anrufen rechnen will. Das ist es wirklich nicht wert. Zumal das Kleingedruckte oftmals den Gewinn schon wieder in weite (zeitliche) Ferne rücken lässt – dauern die Gewinnspiele doch gerne einmal zehn Monate oder sogar länger, um möglichst viele Daten für möglichst wenig Geld sammeln zu können. Entsprechend unattraktiv dürften dann auch die Gewinnchancen aussehen, über die die Firmen aus gutem Grund Stillschweigen bewahren.

Auch ansonsten habe ich nicht jeden Quatsch mitgemacht, was manche Menschen in meinem Umfeld vermutlich bestreiten würden. An Kreativwettbewerben habe ich eher selten teilgenommen. Erstens weil ich einfach nicht besonders begabt bin, wenn es um das Anfertigen von Collagen, das Dichten von Werbesongs oder das Malen von Superhelden mit Margarine in der Hand geht. Zum anderen, weil mir schlicht die Zeit fehlte, um mich darauf wirklich einzulassen. Und das merkt im Zweifel auch eine Jury. Dabei sind das die Gewinnspiele, die in der Community der Gewinnspielfreunde – ja, so etwas gibt es wirklich – besonders beliebt sind, weil aufgrund der hohen Hürden in der Regel recht wenige Menschen mitmachen. Deutlich weniger zumindest, als wenn man nur einmal irgendwo auf einen Button klicken oder einen Code eintragen muss. Auch von den Wettbewerben, bei denen man mit einem einfachen Foto mitmachen kann, dafür dann aber möglichst viele Menschen dazu bringen muss, für dieses auf »Gefällt mir« zu drücken, hielt ich mich fern. Einfach weil es dort immer eine Handvoll Leute gibt, die den ganzen Tag nichts anderes macht, als für ihr Bild zu werben. Wenn man dann noch 20 andere Gewinnspiele nebenbei laufen hat, ist die Chance auf einen Erfolg fast gleich null. »Ganz oder gar nicht« war also das Motto.

Auch was die Preise anging, war ich wählerisch. Zumindest die Hauptpreise eines Gewinnspiels mussten sich in einem Rahmen bewegen, der das Ziel schnellen Reichtums nicht ganz absurd scheinen ließ. Mehrtägige Reisen, Goldbarren, Bargeld, Autos, teure Küchengeräte, hoch dotierte Gutscheine, Elektronikartikel, Roller, wertvolle Fahrräder – all das ging in Ordnung. Gutscheine, bei denen der Betrag zu klein war, um ohne Zuzahlung überhaupt ein Produkt zu erstehen, durften genauso wenig mit meiner »Bewerbung« rechnen, wie diejenigen, bei denen die Hauptpreise nur aus Kuscheltieren, Kinogutscheinen, Pflegesets oder Fanpaketen mit T-Shirts und Plakaten bestanden. Zumal ich davon ausgehen musste, dass ich sowieso nur diese Trostpreise gewinnen würde.

Und genau so kam es dann auch. Was sprang über die Monate heraus? Zwei Karten für ein Spiel der Basketball-Bundesliga waren der Anfang. Immerhin mag ich Basketball, insofern war das gar nicht schlecht. Dann segelten zwei Karten für einen Poetry Slam in den Briefkasten. Ich mag Poetry Slams, also auch in Ordnung. Dann wurde es unübersichtlicher:

80 kostenlose Fotoabzüge, 20 Euro Rabatt bei einem Event-portal, 20 Euro Rabatt bei einem Online-Versand. Das sind die typischen Preise, die man bei Gewinnspielen gewinnt, bei welchen mit einer übergroßen Zahl von Preisen oder gar mit »Jedes Los gewinnt« geworben wird. Für die Veranstalter ist das natürlich gleich mehrfach positiv: Erstens vermeiden sie eine Enttäuschung ihrer Kunden, wenn sie auf ein »Leider verloren« treffen. Außerdem müssen sie für einen Großteil der Preise nichts investieren, denn das tun ja die, die diese stellen und sich davon neue Kunden erhoffen. Mich haben sie damit nicht gewonnen.

Als nächstes gab es beim Glücksraddrehen eines Kiosks einen Kugelschreiber und eine kleine Tüte Gummibärchen. Ein teures Jahreslos der veranstaltenden Lotterie wäre mir lieber gewesen. Denn wie schon gesagt: Lotto ergibt zwar eigentlich keinen Sinn, aber wenn man nichts dafür bezahlen muss, kann man ja nur gewinnen. Es folgte ein Kosmetikset für Frauen – gewinnen wollte ich eigentlich ein Wochenende im Luxus-hotel. Und dann kam ohne Vorankündigung ein Besteckset mit der Post ins Haus geflattert. Nein, kein Besteckkasten, denn den hätte ich gut gebrauchen können. Es handelte sich vielmehr um einen Löffel, ein Messer und eine Gabel mit Werbeaufdruck. Na dann.

Nur wenige Tage später kam mein erster wirklich attraktiver Gewinn: ein Fußball in Deutschlandfarben passend zur WM. Dass die Nationalspieler, deren Namen auf dem Ball aufgedruckt waren, etwa zur Hälfte gar nicht in Brasilien dabei sein durften, schmälerte meine Freude kaum. Nur wenige Tage später schlug mein Puls dann deutlich schneller: Zwischen den sich immer dichter stapelnden Werbebotschaften in meinem Briefkasten entdeckte ich einen eindeutig personalisierten Brief, auf dem »Gewinnbenachrichtigung« stand. Ich riss ihn auf und erkannte schnell, dass dieser von einem der Verlage stammte, die die Rätselhefte herausgaben, mit denen ich mich eine ganze Zeitlang vergnügt hatte. Dort gab es durchaus attraktive Preise zu gewinnen, bei etwa der Hälfte der Rätsel waren Kurztrips oder richtige Urlaube drin. Was würde es wohl sein? Ein Wellnessaufenthalt im Allgäu? Mountainbiken in Südtirol? Ein Wochenende auf dem Oktoberfest? Oder gar eine Woche Malle mit allem Drum und Dran?

Nun, die Sensation blieb leider aus. Ich hatte ein Buch mit dem Titel »Jakobsweg im Smoking: Auf dem Weg zur perfekten Packliste. Ein Ausrüstungsratgeber« gewonnen. Mit Pilgern habe ich es nicht so – und bei Packlisten macht mir sowieso schon längst niemand mehr was vor, nachdem ich mit dem Rucksack die halbe Welt erkundet habe. Das Buch hat den Weg zu mir übrigens bis heute nicht geschafft. Aber das ist auch nicht schlimm. Ohne dem Autor also zu nahe treten zu wollen: Hätte mir jemand dieses Buch zum Geburtstag geschenkt, er wäre nie wieder eingeladen worden. Aber nun gut, das Leben ist ja kein Wunschkonzert. Auch wenn es Menschen gibt, die genau damit, dass sie anderen dieses Gefühl vermitteln, gutes Geld verdienen.

Um diese Bemerkung zu verstehen, lohnt sich wieder einmal ein Blick hinter die Kulissen. Und der beginnt bei der Frage, wie ich überhaupt auf all die Gewinnspiele kam. Nun, es gibt eine ganze Menge spezialisierter Webseiten und Magazine, die – meistens mit Hilfe ihrer Leser – alle nur denkbaren Gewinnspiele zusammentragen. Auf den meisten Webseiten kann man nach unterschiedlichsten Kriterien sortieren, etwa nach Ablaufdatum, Osterspecials, den Top 10, Redaktionsempfehlungen oder der Art der Preise. Auf einigen Seiten bekommt man auch noch eine Bewertung des Gewinnspiels, mögliche Lösungsvorschläge und Beschränkungen, etwa was das Mindestalter der Teilnehmer angeht, als Service mitgeliefert. Und schon kann es losgehen. Dass dabei die Angebote der oben schon beschriebenen Adresssammler regelmäßig besonders gut bewertet werden, in den Ranglisten ganz oben und auf der Startseite besonders zentral platziert sind, dürfte auch die Frage auflösen, wie sich solche vermeintlich kostenlosen Services finanzieren. Klickzahlen alleine sind schon Geld wert – und die dürften auf solchen Seiten sowieso nicht allzu gering sein. Schafft man es dann noch, aus den Verlinkungen auf der eigenen Seite Adressen für Dritte zu generieren, kann man sich dafür sehr, sehr gut bezahlen lassen. Leider war keiner der angeschriebenen Seitenbetreiber bereit, sich mit mir über sein Geschäftsmodell zu unterhalten. Aber das dürfte meine Vermutung eher bestätigen als widerlegen.

Dazu gibt es noch die sogenannten Gewinnspielclubs, bei denen man in der Regel für ein Jahr unterschreibt, einen niedrigen dreistelligen Betrag bezahlt und dafür garantiert bekommt, dass man bei einer großen Zahl von Gewinnspielen angemeldet wird. Diese Angebote sind allerdings mit größter Vorsicht zu genießen, weshalb die Zeitschrift *Computer Bild* alle von ihr getesteten Anbieter mit »ungenügend« bewertete. Zunächst sind bei vielen attraktiven Zeitschriften Teilnahmen über Gewinnspielclubs explizit ausgeschlossen und können inzwischen auch recht sorgfältig aussortiert werden. Darüber hinaus hat man kaum eine Chance zu überprüfen, wo man tatsächlich teilgenommen hat. Manche Clubs werben sogar mit einer Geld-zurück-Garantie für den Fall, dass man während der Vertragslaufzeit gar nichts gewinnt. Das ist reine Bauernfängerei. Im Zweifel organisieren die Anbieter dann schnell selbst ein Preisausschreiben und sorgen dafür, dass man einen wertlosen Gewinn erhält, so aber seinen Anspruch verliert. Weil darüber hinaus laut *Computer Bild* mit den Daten der Vertragspartner bei vielen Gewinnspielclubs auch noch reger Handel getrieben wird, lässt sich nur eine Empfehlung aussprechen: Finger weg!

Einen definitiv anderen, deutlich seriöseren – weil transparenteren – aber vermutlich nicht weniger lukrativen Ansatz verfolgen etwa die Herausgeber des Gewinnspielmagazins *Vera's Glücksratgeber*. Das Angebot: eine monatliche Zusammenstellung der 50 besten Gewinnspiele, online und offline, mitsamt Lösungen, Einsendeadressen, Gewinnen, Deadlines und was auch immer man sonst noch benötigen könnte. Der Service kostet zehn Euro im Monat – und ist an ein einjähriges Abo geknüpft, das nicht vor Ablauf kündbar ist. Anders gesagt: Man zahlt erst einmal 120 Euro, bevor man überhaupt an den Gewinnspielen teilnehmen kann, die die Redaktion für einen zusammengesucht hat. Wenn man dann noch dazu rechnet, was man an Porto und sonstigem Material ausgeben muss, ist man schnell bei ein paar Hundert Euro, die man dann hofft über den einen oder anderen Gewinn wieder hereinzuholen. Garantie: keine. Schon gar nicht darauf, dass man etwas gewinnt, was man auch wirklich gebrauchen oder zumindest verkaufen kann. Denn auch das ist eine der Schwächen von Gewinnspielen: Man spielt für den Hauptpreis, mit dem man vermutlich etwas anfangen könnte, weil man sonst ja gar nicht mitspielen würde. Aber als Gewinn gibt es in der Regel doch eher Trostpreise – mit denen man eher selten etwas anfangen kann.

Solche Gedanken werden aber natürlich bei *Vera's Glücksratgeber* und Co nicht näher beleuchtet. Dort wird die Frage, ob Gewinnspiele lukrativ sein können, mit einem lauten Ja beantwortet – und mit reichlich spektakulären Beispielen zu belegen versucht. Geschichten von gefeierten »Gewinn-Königen«, die scheinbar im Wochenrhythmus Autos, Reisen und Bargeld abstauben, taugen natürlich bestens dazu, Kunden zu gewinnen und zu halten. Dass einzelne Glückspilze über die Jahre Preise im Gesamtwert von 30 000, 80 000 oder gar 250 000 Euro gewonnen haben, wird da wie ein Glücksfall in der Familie gefeiert. Und um nicht falsch verstanden zu werden: Ich glaube nicht, dass diese Beispiele erfunden oder verfälscht sind, ganz im Gegenteil. So eindeutig positiv sind sie allerdings bei näherer Betrachtung zumeist nicht mehr. Setzt man etwa die genannten Summen ins Verhältnis zur Gesamtspielzeit und den getätigten Investitionen, relativiert sich vieles schon wieder.

Der in der Szene der Gewinnspielfreunde legendäre Berliner Ulrich Milatz kam nach eigenen Angaben in über 50 Jahren, in denen er an Gewinnspielen teilnahm, auf Gewinne im Wert von über 250 000 Euro, darunter etliche Reisen und fünf Autos. Das hört sich nach einer großen Geschichte an – und man möchte den Herrn um seinen riesigen Erfolg beneiden. Zumindest bis man anfängt nachzudenken. Denn umgerechnet auf den Monat käme er damit ungefähr auf eine Gewinnsumme von 400 Euro, die Kosten für Material und Porto noch nicht abgezogen. Um auch nur auf den Mindestlohnsatz von 8,50 Euro zu kommen, hätte er dafür maximal 47 Stunden pro Monat, also etwa anderthalb Stunden pro Tag, an Zeit investieren dürfen. Da es eines seiner wichtigsten Erfolgsrezepte war, an Kreativwettbewerben teilzunehmen, die besonders viel Aufwand erfordern, darf man davon ausgehen, dass das nicht reicht. Und selbst wenn: Monatliche Einkünfte im Minijob-Bereich und Stundenlöhne nahe am Mindestlohn – das ist es nicht, was ich mir unter schnellem Geld vorstelle.

Den Zahn, dass man so wirklich reich wird, sollte man sich also ziehen und jeden Gewinn einfach als kleinen Bonus betrachten. Die Teilnahme an Gewinnspielen kann man als Hobby sehen und zwar als eines, das sich vor allem für Menschen mit viel Zeit und Langeweile eignet. Dass laut Statistik der durchschnittliche Gewinnspielteilnehmer weiblich und Mitte 50 ist, nährt den Verdacht, dass es sich in weiten Teilen um ein Hausfrauen-Phänomen handelt. Wenn diese sich dann auch noch weitgehend an Leenas und Lennarts Regel halten und bis auf Ausnahmen nur an kostenlosen Gewinnspielen teilnehmen, anstatt das Haushaltsgeld für Briefmarken und Bastelmaterial auszugeben, was sollte an der einen oder anderen Gewinnspielteilnahme schlimm sein?

Überhaupt lohnt sich ein Blick auf die Statistik, um zu verstehen, für wen Gewinnspiele konzipiert sind. So gibt es etwa deutlich mehr Rätsel mit Gewinnmöglichkeit in Frauen- als in Männermagazinen – was fast zwangsläufig auch dafür sorgt, dass es mehr weibliche als männliche Gewinner gibt. Etwa zwei Millionen Deutsche, die sich in den gängigen sozialen

Netzwerken bewegen, suchen auf Unternehmensseiten gezielt nach Rabattaktionen und Gewinnspielen, wie das Meinungsforschungsinstitut Forsa herausgefunden hat. Das Gefälle in der Nutzungsintensität ist dabei enorm. Etwa 50 Prozent der Bevölkerung nehmen innerhalb eines Jahres gar nicht an Gewinnspielen teil, die andere Hälfte allerdings spielt zwischen einigen Malen im Jahr und sogar mehrmals in der Woche. Immerhin deutlich mehr als ein Zehntel der erwachsenen Bevölkerung nimmt mindestens einmal in der Woche an einem Gewinnspiel teil – eine riesige Zahl, wie ich finde. Und keine gute Nachricht für die Gewinnchancen von jedem Einzelnen von uns.

Apropos, wie stehen die Gewinnchancen eigentlich allgemein – und vor allem im Vergleich zu anderen Glücksspielen, wie etwa dem Lotto? Wie hoch die Chance auf einen Gewinn ist, lässt sich natürlich nicht pauschal sagen. Bei jedem Gewinnspiel spielen unterschiedlich viele Leute um unterschiedlich viele Preise mit. Was sich wohl sagen lässt: Die Chancen, etwas zu gewinnen liegen im Schnitt deutlich über jenen, mit denen man es beim Lotto-Spielen zu tun hat. Zumal der Vorteil gegenüber dem Lotto auf der Hand liegt: Für das Geld, das einen ein Kästchen auf dem Lottoschein kostet, kann man schon zwei Postkarten für Gewinnspiele abschicken – und an unendlich vielen Onlinegewinnspielen teilnehmen. Anders gesagt: Man kann mit dem gleichen Geld viel öfter in einer Lostrommel landen – und hat damit auch öfter die Möglichkeit, gezogen zu werden. Die Preise aber, das sollte man nicht vergessen, sind im Schnitt auch deutlich niedriger im Wert.

Der Journalist Markus Pönitz hat in seinem Buch *Wie knacke ich den Jackpot?* die Erfolgsaussichten bei verschiedenen Gewinnspielen und Preisausschreiben ausgerechnet und kam auf Quoten zwischen 1:28 und 1:243, in einem Fall allerdings auch nur auf 1:2200. Zum Vergleich: Der Dreier im Lotto mit einer durchschnittlichen Auszahlung von 10 Euro liegt laut Lotto Deutschland bei 1:63, der Vierer mit gerade einmal 42

Euro rechnerischer Ausschüttung bei 1:1147. Pönitz' eigene Aufwands-und Ertragsrechnung übrigens, die er nach einem Jahr anstellte, in dem er an über 10 000 Gewinnspielen teilgenommen hatte, fällt dabei noch schlechter aus, als meine Beispielrechnung von weiter oben. Für Gewinne im Gesamtwert von 6000 Euro, von denen er vermutlich nur einen Teil irgendwie gebrauchen konnte, musste er 4000 Euro an Porto und Material einsetzen. Wie man es auch dreht und wendet: Er hat mit seinem Vergnügen wohl kaum einen angemessenen Stundensatz erhalten. Aber immerhin dürfte er eine Menge Spaß gehabt haben und konnte am Ende ein Buch darüber schreiben. Das ist doch auch etwas.

Ich will Gewinnspiele also nicht verdammen, im Gegenteil. Alleine schon zur Anregung der Phantasie sind sie Gold wert. Was würde man wohl mit 20 000 Euro tun, wenn man sie denn nun gewänne? Wen würde man ins Luxushotel nach Mauritius mitnehmen? Der Weg zum Briefkasten ist auf einmal nicht mehr nur von der Sorge um allzu viel Werbung und noch mehr Rechnungen geprägt. Denn es könnte ja auch eine positive Nachricht dabei sein. Das Gefühl, wenn einen dann tatsächlich eine Gewinnmitteilung anlächelt, versteckt zwischen all dem Altpapier, das leichte Kribbeln im Bauch, kurz bevor man herausfindet, ob es sich nun um den großen Scheck oder nur um einen wertlosen Kleingewinn handelt, ist großartig – und warum sollte man darauf verzichten? Auch wenn Menschen besonders gerne an Gewinnspielen teilnehmen, bei welchen man möglichst schnell Feedback darauf bekommt, ob man gewonnen hat oder nicht, sind die länger laufenden Gewinnspiele für unser Belohnungssystem wohl attraktiver. Der Gewinn kommt zumeist überraschend, Monate nachdem man ein Rätsel gelöst oder ein Formular ausgefüllt hat – und sorgt damit für umso größere Glücksgefühle. Wenn man aber nicht gewinnt, tut es weniger weh, wenn man gar nichts mehr hört – weil man nach einer gewissen Zeit sowieso vergisst, dass man überhaupt irgendwo mitgespielt hat.

Ich für meinen Teil bin erneut um eine Erfahrung reicher und freue mich umso mehr, wenn eines der noch laufenden Gewinnspiele wider Erwarten doch noch einen Hauptgewinn für mich bereithält. Auch in Zukunft werde ich zumindest an kostenlosen Gewinnspielen teilnehmen, wenn es sich anbietet. Nun muss ich allerdings einmal mehr weiterziehen auf meiner Suche nach dem großen Geld.

## Fazit

- Es gibt keinen Grund, grundsätzlich von Gewinnspielen die Finger zu lassen. Im Gegenteil: Alleine die Chance verleitet zum Träumen. Allerdings sollte man jeden Gewinn als Bonus ansehen und nicht meinen, man könnte das schnelle Geld planen.
- Je anspruchsvoller die Aufgabe, desto besser sind die Gewinnchancen. Wer also Zeit hat, aufwendige Postkarten zu basteln, Bilder zu malen oder Videos zu produzieren, kann die Erfolgswahrscheinlichkeit erhöhen – auf den Stundenlohn sollte man trotzdem nicht schauen.
- Man sollte die Kosten, die sich durch die regelmäßige Teilnahme an kostenpflichtigen Gewinnspielen aufsummieren, nicht unterschätzen. Am besten sind immer noch kostenlose Gewinnspiele – man investiert nur Zeit, die Rendite kann ansonsten nur positiv sein.
- Gewinnspiele sind nicht gleich Gewinnspiele. Man sollte sich genau anschauen, wer die Veranstalter sind und was diese mit den Daten vorhaben. Sonst geht man nicht nur leer aus, sondern wird auch noch mit Werbung auf allen Kanälen belästigt.

# 6
## Der Griff nach Onkel Günthers Millionen

*Neureich ist immer besser als nie reich.*
**Graf Fito**

Ich will ehrlich sein: Für mich sind Quizshows der charmanteste Weg, zum großen Geld zu kommen. Ein Anruf, ein Interview, ein Kurztrip in ein Fernsehstudio, ein paar Fragen beantworten. Und zack, ist man reich. Ein bisschen berühmt ist man dann meistens auch noch. Und vor allem ist es einer der wenigen Wege zu Geld zu kommen, den die meisten Menschen doch irgendwie cool finden. So habe ich mir das zumindest vorgestellt, als ich vor vielen Jahren begann, mich bei den verschiedensten Formaten zu bewerben. Wer wird Millionär? war natürlich dabei, die 100 000-Euro-Show, Das Duell und die Quizshow. Dazu kamen Formate, bei denen man etwas mehr tun muss, im Zweifel aber auch recht gute »Stundenlöhne« erwirtschaften kann, wie Schlag den Raab oder der Polittalk Absolute Mehrheit. Und dann habe ich mich auch noch bei allen möglichen Casting-Agenturen in die Kartei aufnehmen lassen, denn es gibt ja immer wieder neue Shows und für die werden schließlich auch Kandidaten gesucht.

Was sich immer wieder zeigt: Die Sendungen haben inzwischen einen weitgehend vergleichbaren, strukturierten und mehrstufigen Bewerbungsprozess. Erst wenn man diesen erfolgreich durchlaufen hat, bekommt man die Chance, um das große Geld zu spielen. Normalerweise ist der erste Schritt ein Anruf oder eine Onlinebewerbung, bei der man ein bis drei Fragen beantwortet und dann seine Daten angeben kann. Meistens wird dort auch schon nach einem Foto, der Motivation für die Bewerbung und spannenden Anekdoten aus dem eigenen kleinen Leben gefragt, die für die Gestaltung der Sendung interessant sein könnten. Auf jeden Fall aber muss man vor diesem Schritt schon bezahlen, in der Regel einen Euro pro Bewerbung. Erst dann landet diese in einem großen digitalen Topf, aus dem der Zufallsgenerator Bewerbungen heraussiebt. Da ist es wieder, dieses Glück, auf das man überhaupt keinen Einfluss hat und das so frustrierend sein kann, wenn es einem die kalte Schulter zeigt.

Hat man diese Hürde genommen, wird die Bewerbung von Mitarbeitern der Castingagentur oder der Redaktion genauer unter die Lupe genommen. Bei allen Formaten gibt es mit den dann noch verbliebenen Bewerbern zumindest ein Telefonat, meistens allerdings ein echtes Casting. Und solch eines durfte ich einmal miterleben. Es ging um die inzwischen abgesetzte Sendung Das Duell, ein mäßig erfolgreiches Format der ARD, dessen genaue Regeln ich inzwischen vergessen habe. Auf jeden Fall musste man im Wettbewerb mit einem anderen Kandidaten Fragen beantworten – und wer besser war, durfte am Ende der Sendung das erspielte Geld mitnehmen und sogar in der nächsten Sendung wieder spielen. Am Ende der maximalen Anzahl von Sendungen konnten ein paar schöne Jahresgehälter stehen – damals noch steuerfrei! Also nichts wie hin.

Das Casting zu dieser Sendung findet in einem Hamburger Business-Hotel an einem Samstag statt, vermutlich weil dann die Konferenzräume günstig zu haben sind und außerdem nicht nur Rentner, Arbeitslose und unterbeschäftigte Freiberufler Zeit haben. Als ich dort ankomme, muss ich feststellen, dass diese trotzdem in der Überzahl sind – was mir allerdings gar nicht so unrecht ist, weil ich glaube, dass das meine Chancen erhöht. Immerhin bin ich mit einer weiteren Kandidatin der einzige Bewerber, der noch in seinem ersten Lebensdrittel steht. Auch ansonsten habe ich ein gutes Gefühl. Nachdem ich mir die Sendung ein paarmal angeschaut habe, ist mir klar, dass die Redaktion auf Kandidaten angewiesen ist, die einigermaßen schlagfertig sind und auch noch in der zweiten, dritten oder vierten Sendung nette Geschichten erzählen können. Davon habe ich einige auf Lager, zum Beispiel von meinen wilden Rucksacktouren durch Afrika und Südamerika. Und auf den Mund gefallen war ich auch noch nie. Ich nehme mir also vor, lebhaft, fröhlich, lustig und unbekümmert loszulegen. Denn: Was habe ich schon zu verlieren? Hier kennt mich ja niemand. Und im schlimmsten Fall werde ich einfach nicht ausgewählt. Am Ende ist das alles nur ein Spiel, und genauso will ich damit auch umgehen.

Dass ich denke, niemanden zu kennen, stellt sich übrigens als Fehleinschätzung heraus. Einer der Rentner, den ich knallhart an die Wand spiele, ist der Vater meines Chefs. Das sorgt am Montag danach nicht nur deswegen für leichte Verstimmungen am Arbeitsplatz, sondern auch für ein paar Fragen danach, ob ich mit meinem Gehalt etwa nicht zufrieden wäre. Na ja, wo gehobelt wird, fallen Späne. Und vielleicht hätte ich die Situation damals tatsächlich ganz frech nutzen sollen, um mein Gehalt nachzuverhandeln. Das wäre auch eine Form von schnellem Geld gewesen.

Aber zurück zum Casting. Als erstes gibt es eine Interviewrunde, bei der es weniger um die korrekten biographischen Angaben, als vielmehr um die Kameratauglichkeit geht. Ich beobachte die ersten Kandidaten, die sich entweder wie Edmund Stoiber von einem »Äh« zum nächsten hangeln, in Halbsätzen antworten oder vor Nervosität wild rumzappeln, und ich bin mir ziemlich sicher, dass von denen keiner in die engere Auswahl kommen dürfte. Wieder ein Schritt Richtung großes Geld! Als ich an der Reihe bin, spiele ich meine ganze im beruflichen Umfeld erarbeitete rhetorische Erfahrung aus und kann danach schon an der Reaktion der Mitarbeiter der Castingagentur erkennen, dass ich weiter im Rennen bin. Check!

Dann folgt eine zweite Runde, bei der die Show simuliert wird – allerdings nicht mit einem Buzzer, sondern mit Hilfe einer Tischglocke, wie man sie sonst nur in den billigsten Hotels sieht. Obwohl von den Betreuern klar kommuniziert wird, dass es nicht nur darum geht, die Fragen richtig zu beantworten, sondern auch darum, Stimmung in die Bude zu bringen, bleiben die ersten Bewerber stumm und regungslos wie die Fische. Tote Fische. Ich dagegen ballere fröhlich los, gewinne gegen den Vater meines Chefs knapp, habe aber vor allem dem ganzen Laden ordentlich eingeheizt. Sogar die Fische haben sich zwischenzeitlich bewegt. Wenn ich auch nur eine leichte Ahnung habe, buzzere ich drauf los, auch wenn die Frage dann plötzlich in eine ganz andere Richtung abbiegt. No risk, no fun. Und es geht ja hier nur um die Strategie, um in die Show zu kommen, nicht um die Strategie für die Show selbst. Da wäre ich sicher deutlich vorsichtiger vorgegangen.

Aus dieser Bemerkung lässt sich allerdings schon heraushören: Eine wirkliche Chance auf das große Geld bekam ich am Ende leider nicht. Und das obwohl die Agentur mir schon kurz nach dem Casting mitteilte, dass ich dabei wäre. Den ersten Termin, der mir angeboten wurde, konnte ich leider nicht wahrnehmen. Aber kein Problem, ich hätte noch eine zweite Chance bekommen. Eigentlich. Denn bevor es dazu kam, erhielt ich eine E-Mail von der Casting-Agentur: Sie sei leider ab sofort nicht mehr für die Sendung zuständig, die Verantwortlichkeit sei auf einen Konkurrenten übergegangen. Ich könne mich dort aber neu bewerben. Kaum hatte ich das getan – wenig begeistert, aber doch in der Hoffnung, einen kleinen Bonus zu haben –, kam die nächste Hiobsbotschaft: Nachdem zunächst nur die Agentur geschasst worden war, hatte es jetzt die ganze Sendung erwischt. Für den Moderator fand man recht schnell eine Anschlussverwendung im öffentlich-rechtlichen Medienapparat. Mein Traum vom großen Quizshow-Geld war aber damit erst einmal ausgeträumt.

Dieses Erlebnis ist einige Jahre her, und seitdem habe ich

es nie wieder in ein Casting geschafft. Anders gesagt: Ich habe viel Geld überwiesen und dafür nicht einmal einen Anruf bekommen. Wahrscheinlich liege ich bei meinen Ausgaben inzwischen deutlich im dreistelligen Bereich und langsam beginne ich darüber nachzudenken, ob es nicht vielleicht besser gewesen wäre, das Geld einfach auf ein Sparbuch zu legen und 500 Jahre zu warten, anstatt das Geld den Sendern zu überweisen, die dieses dann nutzen, um andere zu Millionären zu machen. Dass über die Bewerbungen attraktive Sümmchen zusammenkommen dürften, kann man sich durchaus vorstellen, wenn man davon ausgeht, dass die von verschiedenen Medien kolportierten Zahlen stimmen. Denen zufolge bekommt alleine Wer wird Millionär? jeden Tag bis zu 10 000 Bewerbungen. Selbst wenn man mit einem Schnitt von 8000 Bewerbungen pro Tag rechnet, so wären das auf 365 Tage verteilt immerhin 2,92 Millionen. Mit diesem Geld kann man schon den einen oder anderen Kandidaten ausbezahlen.

Die schiere Zahl der Bewerbungen zeigt aber auch, wie niedrig die Wahrscheinlichkeit ist, wirklich durchzukommen. Vor dem Hintergrund, dass die Sendung inzwischen nur noch einmal pro Woche ausgestrahlt wird, werden die Kandidaten aus einem Berg von wohl über 50 000 Bewerbungen gezogen. Kämen immerhin zehn Kandidaten in eine Folge, wäre man trotzdem nur bei einer Wahrscheinlichkeit von 0,02 Prozent pro Bewerbung. Mit hundert Bewerbungen – die einen dann aber auch entsprechend viel Geld kosten – käme man auf 0,2 Prozent, bei tausend Bewerbungen auf zwei Prozent, und so weiter. Aber wer will schon derart viel Geld, für so eine kleine Chance ausgeben? Vor allem, wenn noch verschiedene Hürden warten, bevor man überhaupt auf dem Stuhl sitzt, der das große, schnelle Geld bedeuten kann?

Einige der Glückspilze, bei denen es geklappt hat, kenne ich sogar. Da ist zum Beispiel Florian Berg, den ich noch aus dem Studium kenne. Es ist inzwischen schon mehr als zehn Jahre her, aber Florian hat es damals tatsächlich zu Günther Jauch auf den Stuhl geschafft und das schöne Sümmchen von 32 000 Euro mit nach Hause genommen. Wie es dazu kam, dass er dort mitgemacht hat? War es Abenteuerlust? Wollte er sich beweisen? »Eigentlich war tatsächlich das schnelle Geld mein Ziel«, gibt er unumwunden zu. »Alles andere war eher ein Bonus.« Er sei allerdings ansonsten kein Zocker, darauf legt er Wert.

Florian hat schon immer gerne Brettspiele wie Trivial Pursuit gespielt und war dabei zu der Überzeugung gekommen, dass sein Allgemeinwissen nicht allzu schlecht sein konnte. Dann hat er sich telefonisch bei Wer wird Millionär? beworben, ganze fünf Mal, und einige Tage später hatte er jemanden von der Produktionsfirma am Telefon, der ihm fünf Fragen mit eindeutigen Antworten und eine Schätzfrage stellte. Dabei weiß er heute, dass er bei weitem nicht alle Fragen richtig beantwortet hat, sondern nur drei oder vier – womit er allerdings im oberen Bereich gelegen haben dürfte. Glaubt man anderen Erfahrungsberichten, ist dieser Test inhaltlich ohnehin nicht entscheidend, weil es auch Menschen in die Show geschafft haben, die keine einzige der gestellten Fragen richtig beantwortet haben. Bei der Auswahl der Teilnehmer zählt für RTL wohl in erster Linie, dass man eine bunte Mischung aus Herkunft, Alter, Geschlecht und Berufen zusammen bekommt.

Für die Vorbereitung – in der Regel liegen zwischen Casting und Aufnahme der Sendung ein bis zwei Monate – hatte sich Florian im Gegensatz zu vielen anderen Kandidaten nicht durch Lexika oder Wikipedia gefräst, sondern sich vor allem Gedanken über sein Verhalten und über die Joker gemacht. Insbesondere bei der Auswahl seiner Telefonjoker und dem Umgang mit diesen war er akribisch vorgegangen. Als Student der Politikwissenschaften und der Neueren Geschichte, der außerdem sportlich sehr interessiert war, fühlte er sich für viele Bereiche gut aufgestellt. Die, für die das nicht galt, wollte er so gut wie möglich mit seinen Jokern abdecken. Eine Freundin, die sich gut in allen Klatsch-und-Tratsch-Themen auskannte, holte er sich dabei ebenso an seine Seite, wie seinen Vater für Fragen zu Themen, die vor seiner Zeit angesiedelt waren. Und ein Tenniskollege sollte ihm im Bereich Physik, Chemie und in anderen naturwissenschaftlichen Themen aushelfen. Mit allen dreien übte Florian im Vorfeld am Telefon, wie sie miteinander kommunizieren sollten. Prozentangaben über den Grad der Sicherheit einer Antwort sollten dabei von Nutzen sein. Außerdem sollten diese Proberunden bei der Einschätzung helfen, wie lang 30 Sekunden sind und was man in dieser Zeit alles besprechen kann.

Als es dann tatsächlich soweit war und Florian mit neun anderen in der Auswahlrunde saß, galt es, kühlen Kopf zu bewahren – und dabei schnell zu sein. Es sollten vier Pflanzen, vom Mammutbaum bis zum Gänseblümchen, nach ihrer Größe sortiert werden, beginnend mit der größten Art. »Ich habe versucht, schon beim Erscheinen der einzelnen Begriffe eine Reihenfolge zu bestimmen, also im Sinne von: A ist schon mal größer als B, und C ist größer als beide anderen. So hatte ich am Ende recht schnell die Antwort«, erinnert sich Florian. Etwas mehr als vier Sekunden, das ist sogar mehr als »recht schnell«, würde ich sagen. Auf jeden Fall reichte es, und Florian saß dem großen Günther Jauch, Wächter der Million, gegenüber.

Nun wurde es also ernst. Aber was hatte Florian sich vorgenommen? »Ich wollte das ganze tatsächlich als Spiel sehen«, sagt er. »Als 21-Jähriger hatte ich ja auch eigentlich nichts zu verlieren. Für einen 55-jährigen Oberstufenlehrer mag das ganz anders aussehen, der kann sich natürlich blamieren und damit das Leben ganz schön schwer machen.« So ging er die Sache locker an und bestand die ersten Fragen ohne größere Probleme. Schon bei der 1000-Euro-Frage allerdings wurde es etwas schwieriger. Der Publikumsjoker sollte helfen, weswegen er, wie er es sich vorgenommen hatte, den Mund hielt, um niemanden zu beeinflussen. 87 Prozent für die richtige Antwort waren dann auch eine klare Ansage und brachten Florian über die erste kleine Klippe.

Wenn er sich allerdings gedacht hatte, dass es danach erst einmal wieder leichter für ihn würde, hatte er sich geirrt. Eine Frage zur Maniküre nötigte ihm den Telefonjoker ab, der dann aber in Form seiner Bekannten stach. Er selbst hatte die richtige Antwort zuvor ausgeschlossen, »es war also absolut richtig, den Joker zu nehmen«, so auch im Rückblick seine Einschätzung. »Als dann aber die nächste Frage kam, und mir sofort klar war, dass ich direkt im Anschluss den dritten und letzten Joker verpulvern musste, fiel ich fast vom Glauben ab«, erinnert er sich heute mit einem Lachen. Aber auch hier half der Joker.

Die nächste Frage war dafür recht einfach, als es dann um 16 000 Euro ging wurde es allerdings wieder schwierig. Vor dem Hintergrund, dass es sich genau um die Hürde handelte, unter die man danach nicht mehr zurückfallen konnte (damals gab es den vierten Joker als Wahlmöglichkeit noch nicht, dafür aber eine weitere Sicherheitsbarriere), war das schon kribbelig. Aber Florian hatte das Gefühl, dass seine präferierte Lösung logisch war und ging volles Risiko. Jauch war ihm dabei keine Hilfe, sondern schien ihn eher vom rechten Weg abbringen zu wollen, eine wirklich enge Beziehung hatte sich zwischen den beiden in der Sendung sowieso nicht aufgebaut. Aber Florian lag richtig und hatte damit 16 000 Euro sicher – nicht schlecht für einen Studenten!

Die nächste Frage war für ihn ein Heimspiel. »Können wir schnell machen, Herr Jauch!« – 32 000 Euro. Aber dann ging es nach Hollywood, und da wusste er nicht Bescheid. »Es war einfach, aufzuhören«, sagt er heute. Und dass er wirklich keine Ahnung hatte, kam heraus, als er spaßeshalber noch tippen durfte. Er hätte tatsächlich erst bei der vierten von vier Antwortmöglichkeiten richtig gelegen. Alles richtig gemacht, würde ich sagen. Florian hat sich seitdem übrigens nur noch einmal bei einer Quiz-Show beworben, und zwar erst zehn Jahre nach seiner ersten Erfahrung. Er scheiterte aber ganz am Ende des Bewerbungsprozesses daran, dass er bereits Kandidat bei

Wer wird Millionär? gewesen war. Quizshow-Hopping ist bei den Sendern – bis auf wenige Ausnahmen – leider gar nicht gern gesehen. Florian hat mit dem Thema Quizshow daher abgeschlossen und kann, was schnelles Geld mit Quizshows angeht, mit 32 000 Euro Gewinn deutlich mehr aufweisen, als die überwiegende Zahl der Menschen, inklusive mir. Mich ärgert das. Aber Florian kann mit dem Betrag gut leben.

Das hätte übrigens auch Meike Winnemuth sofort unterschrieben, wenn man sie vor der Sendung gefragt hätte. Als sie sich bei Wer wird Millionär? bewarb, hatte das ganz handfeste Gründe. »Ich war als freie Journalistin eigentlich dauernd von der Pleite bedroht«, erinnert sie sich. »Und weil ich durch den Kauf einer Wohnung auch noch hohe finanzielle Verpflichtungen hatte, die ich jeden Monat irgendwie bedienen musste, war ich faktisch erpressbar. Ich musste jeden Auftrag annehmen, ob ich wollte, oder nicht.« Um an dieser Situation etwas zu ändern, musste also Geld her. Schnelles Geld, wenn möglich. Aber woher nehmen, wenn nicht stehlen? Meike Winnemuth fielen nur Quiz-Shows als Lösung ein. »Ein Banküberfall wäre einfach zu riskant gewesen«, lacht sie. Und mit solchen Sendungen hatte sie auch früher schon gute Erfahrungen gemacht, wenn es mit dem Geld eng wurde. Als erfolgreiche Kandidatin bei Jeder gegen jeden und Cash war sie bestens vorbereitet, auch wenn das Jahre zurück lag, daher jedoch auch kein Problem für die Produktionsfirma darstellte.

Warum sie ausgewählt wurde, weiß sie natürlich nicht sicher. Aber vermutlich hatte das auch etwas mit einem ganz bestimmten blauen Kleid zu tun – ein Modell, das sie ein Jahr lang jeden einzelnen Tag getragen hatte. »Das war damals gerade mein Projekt – ich wollte herausfinden, was man wirklich im Leben braucht und was es mit einem und seiner Umgebung macht, wenn man immer das gleiche trägt –, und ich kann mir gut vorstellen, dass das bei der Auswahl eine Rolle spielte. Immerhin hatte ich damit eine besondere Geschichte zu erzählen«, meint Winnemuth. Und es klingt plausibel, denn wer wie ich schon einmal so ein Casting hinter sich gebracht hat, weiß eines sicher: Fernsehleute lieben schräge Vögel – und gute Geschichten!

Es nur auf den Sessel zu schaffen, um Geschichten erzählen zu können, reichte Meike Winnemuth aber natürlich nicht. Das erklärte Ziel war es, den Durchschnittsgewinn zu erreichen, der heute bei etwas über 35 000 Euro liegen soll. Nicht ganz die Summe, die man als »Fuck you-money« bezeichnet, weil man sich dann niemals mehr Sorgen um Geld machen müsste. Aber doch ein Betrag, der einem »Luft zum Atmen« gibt. Es ist das Geld, das einem erlaubt, auch mal einen Auftrag abzulehnen, wenn er zu schlecht bezahlt ist oder einfach keinen Spaß macht, ohne deswegen den Lebensstandard herunterfahren zu müssen. Dann lief es aber überraschend gut, das ursprüngliche Ziel war schnell übertroffen – und plötzlich ging es um 500 000 Euro. Eine halbe Million! Aber eben nur, wenn die Antwort richtig war. Ansonsten wäre Meike Winnemuth zurück auf 500 Euro gefallen, was ungefähr das ist, was man mit einem Artikel verdienen kann. Da wäre nichts mehr gewesen mit Durchatmen. Also besser aufhören und die 125 000 Euro sicher mitnehmen, wenn man es nicht weiß. Oder?

Die Frage nach der Herkunft des Wortes »verfranzen« erwischte die Hamburgerin zwar komplett auf dem falschen Fuß. Aber immerhin hatte sie noch den letzten Joker, mit dem sie einen der im Studio anwesenden Zuschauer fragen konnte. Jonas, ein 19-Jähriger, stand auf, wurde ausgewählt und konnte die Herkunft des Ausdruckes lückenlos erklären. Es sei ein Begriff aus der Luftfahrt, wo früher der Navigator nur »der Franz« genannt worden sei und wenn der einen Fehler machte, dann hatte man sich eben »verfranzt«. Obwohl ihr natürlich bewusst war, was auf dem Spiel stand, zögerte Meike Winnemuth keinen Moment, folgte der Erklärung von Jonas – und gewann 500 000 Euro. Mission erfüllt, aber so was von.

Geld zum Durchatmen war also auf einmal genug da. Aber was macht man denn mit einer halben Million, die man steuerfrei und über Nacht auf einmal auf dem Konto liegen hat? Zunächst einmal gingen 50 000 Euro an die beiden Joker, eine Entscheidung, mit der Meike Winnemuth auch heute noch sehr glücklich ist. »Ich habe damit auch mein schlechtes Gewissen ein wenig beruhigt, denn wer will schon behaupten, er hätte so viel Geld für das Beantworten von ein paar Fragen wirklich verdient?«, sagt sie. Zudem habe es gerade mit Jonas, mit dem sie auch heute noch in Kontakt steht, genau den richtigen getroffen. Außerdem hat sie viel gespendet und Geld in die Finanzierung eines Filmprojektes gesteckt, das sie mochte. Sie tat also Dinge, die so vorher einfach nicht drin gewesen wären.

Immerhin – und das half vermutlich – war für die glückliche Gewinnerin der Umgang mit Geld zumindest nicht komplett ungewohnt, hatte sie doch früher durchaus einmal ein sehr ordentliches Einkommen gehabt, als sie etwa stellvertretende Chefredakteurin bei der Zeitschrift *Park Avenue* oder der *Cosmopolitan* war. Bis heute halten sich ihre zusätzlichen Ausgaben im Rahmen, ihren Lebensstil hat sie sogar eher in die Gegenrichtung dessen, was man vermuten würde, geändert. Die Wohnung, in der sie lebt, ist nett gelegen, aber viel kleiner als ihre frühere. Der Kleiderschrank wurde inzwischen ausgemistet und ist überschaubar. Die viele tausend Euro teure Handtasche, von der sie immer geträumt hat, kann sie sich seit dem Gewinn leisten. Gekauft hat sie sie aber nicht – der Reiz sei einfach nicht mehr da gewesen. Stattdessen hat sie jetzt einen Hund, aber der ist klein, kostet nicht viel Geld – und ist wahrscheinlich deutlich besser für die Seele. Als ich zu Besuch bin, hat sie gerade ein handliches E-Bike zum Test da, und es wirkt, als ob das schon der größte materielle Luxus sei, den sie sich gönnt. Für Meike Winnemuth ist Geld nicht Selbstzweck, sondern alleine dafür da, ihr zusätzliche Freiheiten zu garantieren. »Nein sagen zu können, das ist der wahre Luxus, den mir das Geld ermöglicht hat«, meint sie dazu.

Dass Meike Winnemuth so reflektiert wirkt, hat vermutlich etwas mit ihrer Persönlichkeit zu tun, viel aber wohl auch mit der einjährigen Weltreise, die sie sich von dem Gewinn gegönnt hat. Sie habe sich nach der Sendung nicht in erster Linie gefragt, was sie nun mit dem Geld machen solle. »Was mich umgetrieben hat, war eher die Frage: Was will das Geld von mir?«, erinnert sie sich. Und nach kurzem Nachdenken war ihr klar, dass sie den Gewinn als Aufforderung verstehen musste. Als Aufforderung, aufzubrechen und sich Zeit für die wichtigen Fragen zu nehmen. »Wer bin ich, wenn keiner zuguckt? Tue ich wirklich, was ich will? Oder tue ich es, weil ich es wollen soll? Welche ungenutzten Talente stecken vielleicht in mir, und wie finde ich das heraus?«, fasst Winnemuth die Fragen zusammen, die sie in ihren Koffer packte, als sie aufbrach, um zwölf Monate lang jeweils vier Wochen in unterschiedlichen Städten der Welt zu verbringen, von Mumbai bis Shanghai und von Sydney bis Buenos Aires. »Das Geld war nicht nur mein Fallschirm, wenn etwas schiefgehen sollte, sondern es war in diesem Fall auch mein goldener Arschtritt«, formuliert sie es auf den Punkt.

Das Beispiel von Meike Winnemuth ist für mein Projekt auch deswegen interessant, weil es zeigt, dass das Geld verdienen nach dem Gewinn noch nicht beendet sein muss. Vielmehr galt in ihrem Fall das komplette Gegenteil: seitdem hört es gar nicht mehr auf. Schon während ihrer Weltreise erkannte Winnemuth, dass sie sich diese auch so hätte leisten können, weil sie mit den Artikeln und Kolumnen, Restaurantkritiken und Reportagen, die sie von unterwegs schrieb, ihren Lebensunterhalt auch ohne die halbe Million hätte bestreiten können. Während der Reise traten dann auch noch Lektoren verschiedener Verlage an sie heran, die über ihren Reiseblog auf sie aufmerksam geworden waren und anfragten, ob sie nicht dazu ein Buch schreiben wolle. Wollte sie erst nicht, aber am Ende änderte sie Gott sei Dank ihre Meinung und schrieb *Das große Los*[vi], das nicht nur ein wunderbares Buch ist, sondern inzwischen auch mehrere hunderttausend Exemplare verkauft hat. Damit dürften die Einnahmen daraus inzwischen auch nicht mehr weit vom großen Gewinn in einer Quiz-Show entfernt sein.

Mit solch einem durchschlagenden Erfolg hatte Meike Winnemuth natürlich nicht gerechnet. Sie muss sogar lachen, wenn sie sagt, dass sie doch eigentlich nur ein Buch schreiben wollte, um »möglichst viele Leute auf möglichst dumme Ideen zu bringen.« Jetzt ist sie plötzlich nicht nur reich und berühmt, weil sie bei Günther Jauch gewonnen hat, sondern auch, weil sie eine erfolgreiche Bestsellerautorin ist. Und das öffnete wiederum die Türen für mehr: Zwei weitere Bücher werden es auf jeden Fall werden, außerdem kommen immer wieder Anfragen für Kolumnen oder Veranstaltungen, von Architekturmagazinen über Frauen- und Hundezeitschriften bis hin zu großen Gesellschaftsmagazinen. Und ja, Meike Winnemuth selektiert tatsächlich. Diese Freiheit nimmt sie sich. Und sie kann es sich auch jeden Tag mehr erlauben.

»Ich mag den Spruch zwar nicht, dass der Teufel immer auf den größten Haufen macht«, sagt sie. »Aber irgendwie stimmt es eben doch.« Dabei, und das wird im Gespräch auch deutlich, ist ein Faktor für diese Entwicklung mitentscheidend, den man nicht unterschätzen sollte: Meike Winnemuth ist aktiv. Sie macht Dinge und schreibt dann darüber. Hätte sie während ihrer Weltreise ein Jahr nur die Beine baumeln lassen, hätte sie keinen Blog geschrieben. Und hätte sie keinen Blog geschrieben, hätte sie wohl kaum ein Buch über Reise geschrieben. Und ob das wiederum so erfolgreich gewesen wäre, hätte sie sich nicht schon seit der Zeit mit dem blauen Kleid eine große Zahl treuer Leser und vor allem Leserinnen erarbeitet, ist auch nicht sicher.

Was aus heutiger Sicht aussieht wie ein fein durchdachter Masterplan, war zunächst das genaue Gegenteil davon. Aber Meike Winnemuth ist nun mal ein Mensch, dem schnell langweilig wird. Und deswegen probiert sie dauernd neue Dinge aus. Dass davon dann auch einmal eines finanziell durch die Decke geht, ist zwar nicht selbstverständlich, aber durchaus wahrscheinlicher, als wenn man sich gar nicht aus seinem Schneckenhaus heraus bewegt.

Wer nichts macht, macht auch nichts verkehrt. Aber er gibt sich und dem Schicksal auch nicht die Chance, den Jackpot zu knacken. Man muss schon etwas wagen, Dinge anpacken, etwas probieren, und ja, auch etwas riskieren. Das ist letztlich auch der Tipp, den sie all denjenigen mitgibt, die sie fragen, wie sie ihr Leben etwas bunter gestalten können, dieses Freiheitsgefühl erfahren können, selbst wenn sie nicht bei Wer wird Millionär? gewonnen haben. »Es gibt so viele Möglichkeiten, mit kleinen Stellschrauben etwas zu verändern«, sagt Winnemuth überzeugt. Sich einfach mal vornehmen, jeden Tag etwas zu tun, was man noch nie getan hat, erweitere den Horizont schon enorm. Und sie ergänzt: »Das habe ich übrigens auch schon versucht, als ich noch keine halbe Million gewonnen hatte.«

Das könnte ich jetzt auch tun, aber so einfach will ich meinen Traum vom großen Geld noch nicht aufgeben. Solange mir also keine Quizshow den Hauptgewinn überlassen hat, suche ich weiter. Was bleibt mir auch anderes übrig?

# Fazit

- Um es in eine Quizshow zu schaffen, muss man in vielen Fällen bereit sein, vorher einiges an Geld in Bewerbungen zu investieren, ohne eine Garantie zu haben, dass es dann klappt.
- Am besten stehen die Chancen für Formate ausgewählt zu werden, die noch nicht auf Sendung sind. Ein einfaches und günstiges Mittel ist, sich bei den einschlägigen Agenturen in den Newsletter und – wenn möglich – in die Kartei einzutragen, um am Ball zu bleiben und sich ins Spiel zu bringen.
- Grundsätzlich suchen TV-Produktionsfirmen lebhafte Kandidaten mit spannenden Geschichten. Man kann die Erfolgswahrscheinlichkeit erhöhen, wenn man sich überlegt, wie man aus der Masse herausragt.
- Die Strategie, um es in die Show zu schaffen, muss nicht unbedingt dieselbe Strategie sein, die einen in der Show zum Erfolg führt. Diese Erkenntnis kann man für sich nutzen.

# Handwerkszeug –
# Mit Kopf statt
# Bauch zum Sieg

*Manchmal ist es besser,*
*eine Stunde am Tag über sein Geld nachzudenken,*
*als 30 Tage im Monat dafür zu arbeiten.*
**John Davison Rockefeller**

Das Handwerk hat goldenen Boden, hieß es früher. Heute ist das natürlich Quatsch. Schon mal einen reichen Bäckergesellen gesehen? Ich nicht. Außer er hat sich das angeeignet, was heute Geld zu bringen scheint, nämlich eine gewisse Fingerfertigkeit, gewisse mentale Eigenschaften, mit denen man vor allem online das große Geld machen kann. Der junge Pokerspieler Pius Heinz etwa wurde vor einigen Jahren Pokerweltmeister und räumte 6,3 Millionen Euro Preisgeld ab. Kein schlechter Stundenlohn für eine Woche Kartenspielen. »Der Mann hat Glück gehabt«, würden die meisten von uns wohl sagen. Aber halt, ist das wirklich so? Oder steckt vielleicht eine gewisse Methodik dahinter? Vielleicht sogar eine, die man erlernen kann? Ich habe zwei Monate lang nur Junkfood zu mir genommen, stundenlang vor dem Computer gesessen, immer voll angespannt – sprich: wie ein Pokerprofi gelebt – um das herauszufinden. Nicht im Sinne der Wissenschaft natürlich. Sondern weil ich immer noch auf der Suche nach dem schnellen Geld bin.

Ähnliche Schlagzeilen wie über das Pokern kennt man auch von Sportwetten. Filme wurden darüber gedreht, wie Menschen bei Pferderennen reich wurden – oder alles verloren. In der Realität kennt man aber nur die Gewinner, die Verlierer sieht man nicht, es sei denn man wirft in den Bahnhofsvierteln deutscher Großstädte einen Blick in die vielen Spielhallen, die 24 Stunden am Tag die Glückssucher anziehen und als Pechvögel wieder ausspucken. Trotz aller Zufälle: Es soll Menschen geben, die mit ausgeklügelten Strategien mit Sportwetten eine Menge Geld verdienen. Und ich habe mich natürlich gefragt, ob ich zu denen nicht auch gehören kann. Koreanischer Frauenbasketball, das kann ich hier schon verraten, hat mir nicht das Glück gebracht.

André Kostolany, der große Börsenexperte des letzten Jahrhunderts, hätte vermutlich über meine Versuche mit Poker oder Sportwetten gelacht, denn aus seiner Sicht geht es dort in der Regel wohl um Peanuts. Aber Kostolany ist ja tot und die Zeiten sind inzwischen andere. Manches bleibt aber gleich. »Ich gehe jeden Tag zur Börse, weil man nirgendwo so viele Dummköpfe pro Quadratmeter trifft«, hat er etwa gesagt. Wie man es schaffen kann, nicht zu diesen zu gehören, damit habe ich mich ebenfalls intensiv beschäftigt und spannende Antworten gefunden.

# 7

## Raise. Call. Jackpot.

*Zu lernen, wie man mit zwei Paaren spielt,*
*ist so viel wert wie eine Hochschulbildung*
*und auch ungefähr so teuer.*
**Mark Twain**

Auf den ersten Blick sieht es nicht nach dem großen Geld aus, als ich beim größten Pokerturnier Norddeutschlands ankomme. Im Innenhof einer Sportsbar, unauffällig irgendwo mitten in Hamburg-Altona gelegen, trifft sich eine bunte Schar von Normalos. Gespielt wird »No Limit Hold'em«, die gängigste von etwa 150 Varianten dieses seit dem 15. Jahrhundert bekannten Kartenspiels. Vor der Tür stehen keine dicken Autos, die Auswärtigen unterhalten sich an der Anmeldung darüber, in welchem Hotel sie untergekommen sind – und es geht eigentlich nur darum, wer den günstigsten Deal gemacht hat. Man sieht Abzeichen von Fußballvereinen, viele nachgemachte Markensonnenbrillen, eine Menge Gel in den Haaren, kombiniert mit praktischen Gürteltaschen. Nein, es wirkt zunächst wahrlich nicht so, als ob hier schon jemand das schnelle Geld gemacht hätte. Bin ich also komplett falsch beim Pokern?

Die Antwort auf diese Frage ist nicht in einem Satz zu beantworten, wie ich mit der Zeit lerne. Es geht nicht darum, ob, sondern darum, wie, wo, mit wem und unter welchen Bedingungen gespielt wird. Dabei ist Poker auf den ersten Blick ein einfaches Spiel: Man bekommt in jeder Runde zwei Karten auf die Hand und nach und nach werden weitere fünf Karten auf dem Tisch aufgedeckt. Aus diesen sieben Karten – den beiden eigenen, die sonst niemand sieht, und den fünf Karten, die offen auf dem Tisch liegen – bildet jeder die bestmögliche Kombination. Diese kann von buchstäblich nichts über ein oder zwei Paare, einen Drilling, eine Straße oder fünf von der gleichen Farbe (etwa Karo oder Herz) bis zu einem Full House (Kombination aus einem Drilling und einem Paar) oder gar einem Royal Flush – also der höchstmöglichen Straße, und die auch noch in ein und derselben Farbe – gehen. Wird am Ende aufgedeckt, gewinnt die stärkste Hand und der Gewinner streicht all das Geld, das bis dahin gesetzt wurde (»Pot«) ein. Wie dieser Weg allerdings beschritten wird, ob man blufft und die anderen zur Aufgabe zwingt, oder ob man es schafft, die anderen dazu zu bringen, noch Geld in die Mitte zu schieben, wenn sie schon auf der Verliererstraße sind, das macht die wahre Kunst des Pokerns aus. Und da werden dann auch die Unterschiede zwischen den Spielern deutlich.

So begegnet man bei einem Turnier nur weitgehend ahnungslosen Zockern, die aus Spaß an der Freude oder aus gänzlich unbegründetem Glauben an das eigene Können ihr Kleingeld verspielen und dabei den Bier- und Schnapsverbrauch in Deutschland nach oben treiben. Beim nächsten Mal macht man aber vielleicht die Bekanntschaft mit klugen, ernsthaften Asketen, die mit dem wohl berühmtesten Kartenspiel der Welt ein sehr gutes Auskommen erwirtschaften können. Dass dies überhaupt möglich ist, beweist eines bereits ganz deutlich: Poker ist zwar ein Glücksspiel. Allerdings eines, das – im Unterschied zum Roulette etwa – bis zu einem gewissen Punkt beherrschbar ist. Und zwar sogar so weit, dass man mit einem durchdachten und kontinuierlich gespielten System mit großer Sicherheit Geld gewinnen kann. Das hat inzwischen übrigens auch der Staat erkannt, der Pokergewinne regelmäßig knallhart als Einkommen besteuert, im Gegensatz zu Lotterie- oder Roulette-Gewinnen. Nur schafft man es in diese Liga nicht auf Provinzturnieren mit Sachpreisen.

Was genau braucht es also, damit diese Erkenntnis in barer Münze greifbar wird? Wie schafft man es, zu denen zu gehören, die öfter gewinnen, als sie verlieren und im besten Falle sogar ein luxuriöses Leben davon bestreiten können? Ein kurzer Ausflug in die Wissenschaft hilft, zumindest die erste Fährte aufzunehmen. Der Nobelpreisträger Reinhard Selten, der sich maßgeblich mit einem Bereich der Wirtschaftswissenschaften beschäftigt, der »Spieltheorie« genannt wird, vergleicht erfolgreiche Pokerspieler mit erfolgreichen Unternehmern. Beide benötigen scharfe Konkurrenzbeobachtung, Kombinationsgabe, Menschenkenntnis, Täuschungsfähigkeit und Selbstkontrolle. Dabei ist der letzte Punkt vielleicht der Wichtigste, weil er am schwersten zu lernen ist. Man muss seine Emotionen während des Spiels immer im Griff haben, will man nicht Gefahr laufen, in einem kurzen Moment der Schwäche alles zu verspielen, was man sich zuvor mühsam erarbeitet hat. Das ist leichter gesagt als getan. Wer zweimal Pech hatte, neigt vielleicht dazu, danach sein Glück erzwingen zu wollen und spielt Karten, die er besser weggeworfen hätte. Wer zweimal Glück hatte, neigt vielleicht dazu, sich unangreifbar zu fühlen – und sieht vor lauter Euphorie die mit Warnblinklichtern versehene Falle nicht. Wer ein Zocker ist, spielt zu viele Hände – und wer eher risikoscheu ist, lässt sich zu schnell ausbluffen. Es gibt unendlich viele Wege, Poker zu spielen. Aber es gibt leider auch unendlich viele Wege, Poker falsch zu spielen.

Auf jeden Fall ist es ratsam, sich ganz schnell von dem Gedanken zu verabschieden, dass man mit ein bisschen Talent und ein wenig Übung allein erfolgreich sein könnte. Diejenigen, die mit Poker richtig Geld machen, sind oftmals mit einer überdurchschnittlichen Intelligenz ausgezeichnet, vor allem aber sind sie echte Arbeitstiere. Es reicht nicht zu wissen, wie das Spiel grundsätzlich funktioniert und die Rangfolge der Kombinationen zu kennen, mit denen man seine Gegner bezwingen kann. Das bekommt auch jeder Freizeitspieler einigermaßen hin. Vielmehr ist es nötig, auch wichtige statistische Werte immer abrufbar im Kopf zu haben, die es einem erlauben, Spielstrategien zu entwickeln. Wie oft trifft man auf der Hand ein Pärchen, wie oft auf den Flop, das heißt, mit den ersten drei aufgedeckten Karten? Und wie oft im Laufe aller fünf aufgedeckten Karten? Und wie verhält es sich mit Drillingen, Vierlingen, Straßen und Flushs? Welche statistischen Chancen, die beste Hand zu haben, hat man mit König und Dame und welche mit As und Acht?

Aber auch mit diesem Wissen ist das Ende des Lernprozesses noch lange nicht in Sicht. Die Frage, wie man aus Wahrscheinlichkeiten Handlungen ableitet, ohne dabei für seine Gegner lesbar wie ein offenes Buch zu werden, ist mindestens genauso relevant, wie selbst zu lernen die eigenen Gegner zu lesen. Wie weit darf man mit einer unfertigen Straße mitgehen? Um wie viel darf man mit einem niedrigen Pärchen erhöhen – wenn überhaupt? Wie groß ist die richtige Summe für einen Bluff? Spätestens bei diesen Fragen reicht pures Auswendiglernen nicht mehr – das gute alte Kopfrechnen ist jetzt ebenso unverzichtbar wie eine hochkomplexe Spielstrategie. Je weniger Chips das Gegenüber beispielweise auf dem Tisch hat, desto wahrscheinlicher wird etwa, dass er alles in die Mitte schiebt, das heißt »All In« geht. Reichte vorher oft eine kleine Erhöhung des eigenen Einsatzes aus, um eine starke Hand zu simulieren und den Pot ohne Gegenwehr einzusammeln, wird der Erfolg dieser Taktik nun unwahrscheinlicher – und man steht selbst vor der Frage, entweder alles zu setzen, oder einfach die Finger von dieser Hand zu lassen.

All das sind noch vergleichsweise einfache Beispiele – wer sich jedoch intensiv mit der Kunst des Pokerspielens auseinandersetzen will, um damit Geld zu verdienen, der kommt nicht umhin, sich umfassend den reichlich erschienenen Büchern zum Thema zuzuwenden. Diese variieren in Qualität und Tiefgang sehr, daher lohnt es sich, genauer hinzuschauen, bevor man zuschlägt. Große, eindeutig messbare Schritte lassen sich allerdings durchaus schon in relativ kurzer Zeit machen, wenn man, informiert durch Blogs, Bücher und frei verfügbare Lernvideos, auch nur die gruseligsten Anfängerfehler abstellt. Und zu den Erkenntnissen, die man über die Zeit sammelt, gehört beispielsweise auch der riesige Unterschied zwischen Online- und Offline-Poker.

Der Laie dürfte sich über diese Aussage zunächst wundern, sind doch die Spielregeln immer identisch, egal ob man nun an einem echten oder an einem digitalen Tisch sitzt. Wenn man allerdings bedenkt, dass Poker eben auch ein Nervenspiel ist, bei dem die Psyche maßgeblich über Erfolg und Misserfolg entscheidet, wird es schnell greifbar. Beim Online-Poker kann man seinem Gegenüber nicht wie in der Realität in die Augen schauen. Blufft er? Hat er wirklich eine starke Hand? Will er mich locken? Es ist zwar selten wie in den einschlägigen Hollywood-Filmen, dass man einen Bluff an einem verräterischen Augenzucken oder der immer gleichen, unbewussten Handbewegung erkennt. Vor allem geübte Spieler lassen sich schon lange nicht mehr so leicht »in die Karten schauen«. Allerdings entwickelt man mit einer gewissen Zeit, die man gemeinsam am Tisch verbringt, zweifellos ein Gefühl für seine Mitspieler. Bedeckt jemand plötzlich seine Karten besonders intensiv und hat das zuvor nicht getan, könnte das für gute Karten sprechen. Beginnt das Gegenüber plötzlich besonders gesprächig zu sein, könnte er bluffen und damit seine Unsicherheit überspielen wollen.

Online sind diese Möglichkeiten deutlich begrenzter. Das hat nicht nur mit der im Netz herrschenden Anonymität zu tun. Denn natürlich kann man auch da Muster erkennen. Hat jemand kaum gespielt und seine Karten sehr oft direkt aufgegeben, um kein Geld zu riskieren, erhöht dann aber plötzlich, ist Vorsicht geboten, weil zu vermuten ist, dass er dann wirklich gute Karten in der Hand hat. Dasselbe gilt, wenn ein ansonsten aggressiver Spieler plötzlich sehr zurückhaltend agiert – das könnte eine Falle sein. Auch die Unübersichtlichkeit spielt eine Rolle. Gerade Profis spielen aber zumeist mehrere virtuelle Tische gleichzeitig und sind kaum in der Lage, alle gespielten Hände an allen Tischen zu beobachten und zu bewerten.

Um diesen Nachteil auszugleichen, gibt es jedoch technische Tricks. Verschiedene Firmen bieten inzwischen Software an, die an die namhaften Pokerplattformen andockt und alle denkbaren und undenkbaren Daten sammelt, die sich während des Spiels ergeben: Wer erhöht seinen Einsatz wie oft? Wie reagieren die anderen Spieler auf Erhöhungen? Der Phantasie sind kaum Grenzen gesetzt. Die Softwares bieten insgesamt tatsächlich Hunderte statistischer Informationen über das Spiel an. Die eigentliche Herausforderung ist es, diese zu deuten. Bei einigen ist das einfacher, als bei anderen. Etwa bei der Frage, wie oft jemand freiwillig Geld in den Pot wirft, bevor die ersten Karten auf dem Tisch liegen. Jeder Wert deutlich über 30 Prozent spricht eine klare Sprache: Hier weiß jemand nicht, was er tut. Denn so viele spielbare Hände – also Karten, mit denen man eine realistische Aussicht auf Erfolg hat –, bekommt noch nicht einmal der liebe Gott.

Gute Pokerspieler können ihre Gegner anhand ihrer Handlungen in unterschiedliche Spielertypen einteilen, vom Fisch und Esel über den Stein bis hin zum Wal. Die ersten beiden sind Anfänger, Gelegenheitsspieler oder schlicht begrenzt lernfähige Gegner, die einfach nicht wissen, was sie tun. Wie sich das genau äußert – ob sie also besonders aggressiv spielen, weil sie die Wahrscheinlichkeiten nicht im Blick haben, oder aus demselben Grund besonders ängstlich agieren –, ist von Fall zu Fall verschieden. Besonders zurückhaltende Spieler werden gerne als Steine bezeichnet, die kaum eine Hand spielen. Wenn sie es allerdings tun, geht man ihnen besser aus dem Weg, weil dann mit einem hohen Paar, das heißt As und König oder As und Dame zu rechnen ist. Hat man hingegen selbst eine solche Kombination – Monster genannt – auf der Hand, kann die Geschichte richtig spannend werden.

Auf jeden Fall ist es immer gut, wenn ein paar einfach ein-
zuschätzender Kandidaten am Tisch sitzen, weil sie dafür verantwortlich sind, dass man als guter Spieler Poker zu einer
profitablen Sache machen kann. Je eindeutiger die Gegenspieler zu lesen sind, je vorhersehbarer sie spielen, desto besser. Dabei gibt es eine grundsätzliche Regel: Schwache Spieler
spielen ihre eigenen Karten – gute Spieler spielen ihre Gegenspieler. Was damit gemeint ist? Bei einem schwachen Spieler
lässt sich recht einfach erkennen, was er wohl auf die Hand
bekommen hat. Bei manchen reicht es aus, das Gesicht zu betrachten, um echte Begeisterung oder echte Enttäuschung sehen zu können. Gute Spieler beobachten daher gerne zunächst
die anderen Spieler bei deren Blick in die gerade ausgegebenen
Karten, bevor sie überhaupt einen Blick in ihre eigenen werfen.
Auf Basis dieser Information lässt sich dann bestens handeln.
Ahnt man etwa, dass das Gegenüber nicht das erhoffte Blatt
bekommen hat, ist es unproblematisch, auch mit schlechten
Karten Druck zu machen, weil man davon ausgehen kann, dass
der Gegner sich schnell von seiner Hand trennt. Die gewonnene Summe ist so zwar meist klein – aber besser als wenn der
Pot an jemand anderen geht, oder? Kleinvieh macht auch Mist,
heißt es ja so schön. Und viel Kleinvieh macht auf Dauer eben
eine ganze Menge Mist. Die Taktik kann tatsächlich hoch profitabel sein – und ist damit der Beweis dafür, dass die eigenen
Karten nur eine Komponente für einen erfolgreichen Pokerspieler sind, die Kenntnis über das Verhalten des Gegenüber
eine weitere – und in vielen Situationen die wichtigere.

Wale haben ähnlich wenig Ahnung wie ihre schon beschriebenen tierischen Kollegen, unterscheiden sich aber in einem
Punkt deutlich: Sie haben Geld, und zwar in rauen Mengen.
Oftmals handelt es sich um erfolgreiche Geschäftsmänner, die
ein paar Runden Poker zwischendurch oder nachts nutzen,
um Druck abzubauen oder weil sie die Herausforderung suchen. Geld haben sie so viel, dass Verluste sie nicht wirklich
schmerzen. Vielleicht gilt sogar das Gegenteil: Sie brauchen

die Verluste, um sich über gewonnene Pots erst richtig freuen zu können. So angenehm es ist, einen Wal am Tisch sitzen zu haben, der freigiebig sein Geld verteilt, so sehr darf man ihn nicht auf die leichte Schulter nehmen und muss sein Spiel entsprechend anpassen.

Es gibt eine schöne Regel im Poker, die man sich immer wieder vor Augen führen sollte, vor allem in der ersten Zeit: Wenn der Fisch am Tisch nicht zu identifizieren ist, kann es gut sein, dass man es selbst ist. Gerade offline, also an echten Tischen mit echten Menschen, ist es zu Beginn nicht so einfach, die Gegner richtig einzuordnen. Übung macht eben auch hier den Meister. Online dagegen hilft eine gute Poker-Software, die nach einer gewissen Zahl von Runden den entsprechenden Spielern ein Tiermotiv zuordnet. Man selbst hat mit dem eigenen Spiel in der Hand, das für sich zu vermeiden. Wer will schon, dass neben dem eigenen Namen ein hässliches Fischgesicht prangt – und damit verrät, dass man ein Anfänger ist? Außer natürlich, wenn es ein Hai ist. Denn das ist das Zeichen für die wirklich guten Spieler, die Fische und Wale im übertragenden Sinne verspeisen.

Die Poker-Softwares machen so einen Fischfang für den Hai noch einfacher: Sie weisen einen darauf hin, wenn irgendwo ein als Fisch markierten Spieler online ist und geben einem die Möglichkeit, mit nur einem Klick an den dortigen Tisch zu springen. Der Fisch wird sich wundern, dass ihm immer wieder dieselben Namen begegnen. Aber bis er die Geschichte eines Tages vielleicht versteht, wandert sein Geld erst einmal eine Zeitlang recht ungebremst von seinem Konto in die Taschen der Haie, die ihm auf Schritt und Tritt folgen. Die Welt ist eben böse, aber in diesem Fall nicht unbedingt ungerecht.

Die gute Nachricht für all diejenigen, die zu Anfang als Fisch regelmäßig zum Snack für erfahrene Hai-Spieler werden: Auch diese waren in aller Regel zunächst Fische. Einige Software-Produkte analysieren auch noch das eigene Spiel und geben Empfehlungen, wie man dieses verbessern kann. Ich habe nach der Fehleranalyse sofortige Besserung gelobt und inzwischen zumindest diese Schwächen weitgehend ausgemerzt. Trotzdem bleibt immer noch eine Menge zu tun, als Hai würde ich mich noch nicht bezeichnen. Als Fisch allerdings ebenfalls schon lange nicht mehr, das sieht man an meinen Statistiken. Meine Verluste vom Anfang sind inzwischen längst wieder hereingeholt und auf meinem Konto prangt ein schönes Plus. Mit weiterem Poker-Studium werde ich meine Rendite weiter in die Höhe schrauben können, davon bin ich fest überzeugt.

Aber zurück zur Realität: Von all den gerade beschrieben Details weiß ich noch nichts, als ich mich beim Turnier in Hamburg an den Tisch setze. Meine Pokerkarriere war bis dahin nie über Gelegenheitszockerei mit einem klaren Schwerpunkt auf Spaß und Zeitvertreib hinausgekommen. Von meinem Geld hatte ich mich gedanklich immer schon mit der ersten Runde verabschiedet und mir nie die Zeit genommen, mich mit der Theorie des Spiels, Strategien oder Wahrscheinlichkeiten auseinanderzusetzen. Dafür war es zunächst eigentlich recht gut gelaufen: Mein erstes kleines Turnier hatte ich gegen immerhin 35 andere gewonnen und stolz eine PlayStation mit nach Hause genommen. Den Gegenwert der Konsole verspielte ich allerdings nur ein Wochenende später im Casino.

Nun steht das nächste Spiel an, und ich will das Geld wieder einholen. Für den Sieger geht es um mehrere tausend Euro, aber auch für die schlechter Platzierten gibt es recht ordentliche Preisgelder. Natürlich nicht in bar, sondern in Form von »Sponsorenverträgen«, was damit zu tun hat, dass man nur so die strengen Glücksspielregulierungen in Deutschland umgehen kann. Aber sei's drum, so ein Vertrag wäre ja auch eine feine Sache, durch die man sich gleich viel professioneller fühlen könnte. Doch um es kurz zu machen: Das Glück ist mir an diesem Tag nicht hold. Zu selten bekomme ich gute Karten – und wenn, dann finde ich keine »Kunden«, also Mitspieler, die bereit wären, ordentlich Geld in die Mitte zu schieben, das ich ihnen dann abnehmen kann. Irgendwann verabschiede ich mich ziemlich sang- und klanglos aus dem Turnier. Trotzdem habe ich eine Menge Erfahrung gesammelt – und den Menschen kennengelernt, von dem ich in den Wochen danach in die wahre Kunst des Pokerspiels eingewiesen werde.

Johannes ist 21 Jahre alt, wohnt in einer mittelgroßen deutschen Stadt, mag bunte Klamotten und hasst frühes Aufstehen. Bis hierhin alles normal. Nicht ganz normal ist hingegen seine Berufswahl: Er ist Pokerprofi. Zunächst sah noch alles danach aus, dass er sein Geld als Handballspieler verdienen könnte, immerhin kam er schon mit 19 zu seinen ersten vielversprechenden Einsätzen in der Bundesliga. Dann machte ihm eine Schulterverletzung einen Strich durch die Rechnung. Was nun? Ausbildung? Studium? Johannes hat sich fürs Pokern entschieden. Seine besonderen Fähigkeiten im Umgang mit Zahlen und seine durch den Spitzensport trainierten guten Nerven bieten ihm dafür die besten Voraussetzungen.

Es überrascht kaum, dass seine Mutter bei dem Gedanken, dass ihr Sohn auf jegliche Form von formeller Ausbildung verzichten und stattdessen sein Auskommen mit Glücksspiel sichern wollte, nicht vor Begeisterung in die Hände klatschte. Als Johannes jedoch nur wenige Wochen später nach einer durchspielten Nacht seine Mutter mit der frohen Nachricht aus dem Bett klingeln konnte, dass er gerade in wenigen Stunden aus 109 US-Dollar über 20 000 gemacht hatte, hat auch sie ihren Frieden damit geschlossen. Für Johannes ist die Reise noch lange nicht zu Ende – sein Ziel ist es, irgendwann an den Fernsehtischen der großen Turniere zu sitzen und um das ganz große Geld zu spielen. Auch weil dort einige der klügsten Köpfe aus aller Welt aufeinandertreffen, um sich miteinander zu messen. Noch ist es aber nicht so weit, und Johannes nimmt sich regelmäßig Zeit, um mich zu coachen.

Immer wieder treffen wir uns nachts online und spielen parallel, jeder in seinen eigenen Turnieren und an seinen eigenen Tischen, nie gegeneinander. Wir beraten uns gegenseitig, indem wir die Tische des jeweils anderen beobachten, uns über Skype mitteilen, welche Karten wir auf der Hand haben und diskutieren, welche Aktion die richtige Wahl ist. Je besser meine Gegner, desto besser liegt Johannes mit seinen Einschätzungen: Gute Spieler können andere gute Spieler oftmals lesen, weil sie nach denselben statistischen Regeln handeln. Bei schwächeren Spielern liege ich mit meinem Bauchgefühl häufig richtig, weil sie oft nicht wissen, was sie tun und so den Profi in die Irre führen. Gemeinsam spielen wir einige richtig gute Turniere. Leider ohne am Ende einen großen Gewinn einzufahren.

Immerhin weiß ich inzwischen, wo es tatsächlich um das ganz große Geld geht. Anonyme Hinterhöfe in Hamburg gehören nicht dazu, das hatte ich ja schnell gemerkt. Im Internet steht schon einiges auf dem Spiel – und an anderen Stellen noch viel mehr. Allerdings nicht in Deutschland. Das große Geld lässt sich hier nur online oder in Casinos unter staatlicher Aufsicht machen. Für die immer weiter wachsende Pokergemeinde ist das nicht attraktiv genug. Und natürlich haben sich längst findige Köpfe gefunden, die aus dieser Unzufriedenheit Kapital schlagen. Das Ergebnis findet man etwa im tschechischen Rozvadov, zwei Kilometer hinter der deutschen Grenze gelegen, nicht weit von Weiden in der Oberpfalz entfernt.

Schon auf der Autobahn werben riesige Banner für das King's Casino, auch wenn ansonsten zunächst wenig auf einen Tempel des Geldes hinweist. Direkt nach der Autobahnausfahrt durchquert man einen riesigen Asia-Markt, auf dem billige Massenware angeboten wird, von Gartenzwergen bis hin zu Traumfängern aus Plastik. Die Straßen sind schlecht, auch Rozvadov selbst empfängt einen zunächst als das, was es bis vor kurzem wohl war: Ein unscheinbares Bauerndorf, in dem die Menschen mehr schlecht als recht über die Runden kamen. Je näher man aber dem Ortskern kommt, desto bunter wird es. An alten Bauernhäusern hängen Leuchtreklamen, die für Bars und Clubs, Live-Stripshows und 24-Stunden-Supermärkte werben. Und in der Ortsmitte steht man plötzlich auf einem offenen Platz, frisch gepflastert und von Hochglanz-Spielhallen umgeben, dominiert vom King's Casino, dem offensichtlichen Platzhirschen.

An diesem Wochenende im Mai findet ein riesiges Turnier statt, für das Menschen aus ganz Europa anreisen. Der Parkplatz ist gefüllt mit Nobelkarossen, die Hotels der Gegend sind gut gebucht. Beim Hauptturnier geht es für rund 600 Teilnehmer um eine garantierte Gesamtgewinnsumme von einer halben Million Euro. Mit 1100 Euro ist man dabei. Und wer zu früh rausfliegt, hat bei den unzähligen anderen Turnieren und Echtgeldspielen oder im angeschlossenen Casino mit Roulette, Black Jack, Spielautomaten und Co die Möglichkeit, sein Glück zu machen. Oder eben viel Geld zu verlieren.

Sobald man das King's Casino betreten hat, merkt man, dass sowohl der Casino-Betreiber, als auch der Veranstalter des Turniers sehr wohl wissen, dass sie es hier mit ihren besten Kunden zu tun haben. Entsprechend werden diese verwöhnt: Atemberaubend schöne Kellnerinnen bringen einem die gewünschten Getränke, kostenlos natürlich. Dasselbe gilt für das dauernd mit neuen Leckereien aufgefüllte Buffet. Ein Shuttleservice bringt die müden Spieler in ihre Hotels, im VIP-Shuttle sind Getränke und Snacks inklusive. Wer nach dem stunden- und tagelangen Sitzen verspannt ist, wird von einer der zahlreichen Masseurinnen während des Spiels durchgeknetet. Das Turnier wird live im Internet übertragen, das Finale sogar im Fernsehen. Viele Spieler kennen sich schon von anderen großen Turnieren und an den Sponsorenshirts erkennt man die Pokerprofis, die mit voller Börse von Turnier zu Turnier ziehen. Dazwischen sitzen ältere Herren aus allen Teilen Osteuropas, die förmlich vor Geld triefen, begleitet von ihren blutjungen Freundinnen mit hohen Absätzen und tief ausgeschnittenen Dekolletés, die ihnen jeden Wunsch von den Augen ablesen.

Ich bringe weder solch eine Begleitung noch die ganz tiefen

Taschen mit, dafür aber umso mehr Neugier und Aufregung. Das Ticket habe ich in einem »Online-Satellite«, wie die Qualifikationsturniere genannt werden, gewonnen, in dem ich mich gegen mehrere hundert Mitbewerber durchsetzen musste. Gar nicht so schlecht, dachte ich. Vor Ort merke ich dann, wie weit ich noch davon entfernt bin, mit Poker das ganz große Geld zu machen. Die Souveränität und der Mut, mit denen ich online Turniere mit Startgeldern zwischen 5 und 30 Dollar im Griff habe, sind an einem Tisch mit lauter Top-Spielern, an dem es um sechsstellige Beträge geht, wie weggeblasen. Wo ich aggressiv sein sollte, bin ich ängstlich, und wo ich besser zurückhaltend wäre, spiele ich Harakiri. Die erste halbe Stunde lang ist mir eiskalt und meine Hände zittern vor Adrenalin, das durch meinen Körper pumpt. Ich bin mehr damit beschäftigt, mir das nicht ansehen zu lassen, als konzentriert und kontrolliert zu spielen. Keine guten Voraussetzungen. Ein wenig Pech kommt auch dazu, aber das hat man im Verlauf eines mehrtägigen Turniers immer irgendwann – und die Kunst ist, sich dadurch nicht vom Kurs abbringen zu lassen. Das unterscheidet den Profi vom Mittelmaß. Und noch gehöre ich wohl eher zu letzterem, wenn auch vielleicht zum besseren Drittel. Für die »großen Jungs«, gegen die ich in Rozvadov spiele, reicht es aber noch nicht, und ich trete relativ schnell die Heimreise an. Demütig – und doch um eine Menge Erfahrungen reicher. Ich schwöre mir, bald noch deutlich besser zurückzukommen.

Auch Johannes ist mir nach einigen Wochen immer noch meilenweit voraus. Kein Wunder, auch er lässt sich von einem noch deutlich erfahreneren Profi für viel Geld coachen, um sein Spiel kontinuierlich zu verbessern und mit den Besten nach und nach auf Augenhöhe zu kommen. Mein Weg hat also gerade erst begonnen. Trotzdem merke ich, wie sich meine Herangehensweise an das Spiel verändert hat. Ganz am Anfang ging es mir nur um den Spaß. Verlieren tat nicht allzu weh, gewinnen gab mir einen zusätzlichen Kick. Aber meist dauerte es nicht lange, bis das eingezahlte Geld wieder weg war. Dann versuchte ich, mein Spiel zu professionalisieren, ich setzte mich mit Statistiken und Wahrscheinlichkeiten auseinander, las Pokerliteratur und legte mir Techniken zu, um meine Gegner systematisch lesen zu können. Ich entwickelte Strategien und richtete alles auf ein Ziel aus: Immer, wenn die Karten aufgedeckt wurden, wollte ich auf der richtigen Seite der Wahrscheinlichkeit stehen. Das klappt natürlich bis heute nicht immer, aber doch so gut, dass mein Erwartungswert – also mein durchschnittlich zu erwartendes Ergebnis – seit einiger Zeit positiv ist.

Nun könnte man meinen, damit wäre mein Ziel schon erreicht. Aber das ist mitnichten der Fall. Denn immer wieder musste ich erkennen, dass ich mich von meinen Emotionen mitreißen ließ. Und das ist gefährlich bei einem Spiel, das auf Dauer nur mit Hilfe eines kühlen Kopfes erfolgreich zu gestalten ist. Immer wieder ließ ich mich dazu verleiten, aus Neugier einen Einsatz mitzugehen, obwohl die Wahrscheinlichkeiten gegen mich standen. Selbst wenn es immer nur um kleine Beträge ging, darf man davon ausgehen, dass mich das so manche bessere Platzierung bei einem Turnier gekostet hat. Und immer wieder geriet ich in Versuchung, Karten zu spielen, die zwar schön aussahen, so stark aber nicht waren. Zu oft ließ ich mich von einem »Bad Beat«, also einer eigentlich richtig gespielten Hand, die ich dann trotzdem gegen alle Wahrscheinlichkeiten verlor, so herunterziehen, dass ich die nächsten Hände gleich der verlorenen hinterherwarf. Oder ich ließ mich von einer glücklich gewonnenen Hand so euphorisieren, dass ich meinte, alles spielen zu können – und durch diese Selbstüberschätzung recht schnell allen Gewinn wie ein moderner Robin Hood an meine Gegenspieler zurückschickte.

Jedem Berufsanfänger würde ich raten, sich einen Job zu suchen, bei dem er jeden Tag gerne aufsteht und zur Arbeit geht. Man sollte doch lieben, was man tut, oder? Im allerbesten Fall macht man sein Hobby, seine Leidenschaft zum Beruf. Das ist der Traum, den wir alle träumen – oder zumindest irgendwann geträumt haben –, egal ob es darum ging, unter der Dusche trällernd den Durchbruch als Popstar zu imaginieren, oder sich auf der Straße beim Fußball spielen auszumalen, wie man eines Tages als gefeierter Star des eigenen Lieblingsvereins das entscheidende Tor zur deutschen Meisterschaft schießt. Und reich wäre man damit ganz nebenbei auch noch geworden. Aber beim Pokern, das ist inzwischen meine Überzeugung, kann die Leidenschaft eher im Weg stehen, als dass sie hilft. Wer gerne spielt, spielt ganz schnell auch die eine oder andere Hand zu viel. Zocker rechnen schlecht. Und gerade beim Online-Poker ist die Mathematik fast die einzige Freundin, die einem zur Seite steht, um das Spiel profitabel zu gestalten.

Wer zockt um des Zockens willen, wer den überraschenden Gewinn oder den unglücklichen Verlust braucht, um zu merken, dass er am Leben ist, der darf sich dem Spiel gerne mit aller Leidenschaft hingeben, solange er nicht Haus, Hof und Weib verspielt. Dem, der mit dem Spiel seine Rechnungen bezahlen will, wird die Passion immer wieder Zwangspausen einbringen, nämlich dann, wenn das eingesetzte Geld weg und das Budget zum Nachschießen erschöpft ist. Nur wer seine unkontrollierten Emotionen – und eine damit regelmäßig einhergehende Wiederkehr des Bankrotts – zu vermeiden weiß, kann auf Dauer sein Auskommen in der Spielerei finden. Alle anderen werden in einer absurden Dauerschleife gefangen sein, in der sie malochen, um ihr Geld dann denen über den Tisch zu schieben, die es besser machen. Dann wird Poker zu einer Leidenschaft, die vor allem Leiden schafft.

Ich für meinen Teil habe inzwischen eine fast schon erschreckende Gleichgültigkeit gegenüber gewonnenen oder verlorenen Händen entwickelt. Ich ärgere mich nicht mehr darüber, wenn ich eine Hand – und damit Geld verliere. Denn solange ich richtig gespielt habe, weiß ich: Die Statistik ist auf meiner Seite – und je öfter ich in eine ähnliche Situation komme, desto öfter gewinne ich am Ende. Oder anders gesagt: Wenn man im Krieg eine gute Strategie hat, ist die verlorene Schlacht Teil des Weges zum Sieg. Gewonnene und verlorene Euros sind für mich inzwischen nur noch Zahlen, wertvoll sind nur meine Statistiken: Das Wissen, im Durchschnitt in den schwarzen Zahlen zu liegen, ist zwar für das Belohnungssystem im Gehirn weniger greifbar, als das auf der Rasierklinge getanzte »All-In« mit positivem Ausgang. Aber ersteres zahlt im Zweifel das Mittagessen – und letzteres sorgt auf lange Sicht für Haarausfall und ein leeres Konto.

Würde ich es mit vollem Einsatz weitertreiben, ich könnte mit dem Pokern wohl mein Geld verdienen. Vielleicht sogar viel Geld. Was mich trotzdem davon abhält, sind die Konsequenzen, die diese Entscheidung für mein Leben hätte. Ich meine damit gar nicht die Gefahr der Spielsucht. Das habe ich im Griff. Aber das haben vermutlich auch all diejenigen gesagt, bei denen das nicht der Fall war. Mir sind diese Typen während meiner Recherchen sicher begegnet. Erkannt habe ich sie nicht. Es gibt aber genügend Beispiele – durchaus auch prominente – für das, was Spielsucht mit Menschen anrichten kann. Michael Jordan soll Millionen verzockt haben, auch Eishockeylegende Jaromir Jagr oder Fußballstar Wayne Rooney sollen Probleme gehabt haben. Und natürlich werden auch nicht wenige der rund drei Millionen deutschen Online-Pokerspieler bereits Anzeichen von Spielsucht gezeigt haben. Es ist nun einmal verführerisch, von allen unbeobachtet zu Hause sitzend zu zocken und mit einem Klick immer wieder Geld nachzulegen – im schlimmsten Falle solange, bis keines mehr da ist. Wer in einem Online-Casino pleitegeht, meldet sich im nächsten von mehreren tausend weltweit an, um mit den Willkommensangeboten weiterzuspielen. Das Rad im Milliardengeschäft Poker dreht sich dann immer schneller – und für manche zu schnell.

Die Kirche nannte Spielkarten vor vielen hundert Jahren einmal das »Gebetsbuch des Teufels«. Für Spielsüchtige mag es sich tatsächlich so anfühlen, zumal in Zeiten des Internets der Teufel überall ist. Las Vegas ist heute nicht mehr am anderen Ende der Welt, ebenso wenig im lokalen Casino mit Anfahrtszeit, Dress Code und der dauernden Gefahr, gesehen zu werden, sondern auf der eigenen Couch, nur einen Mausklick entfernt. Komfort ist für den Spielsüchtigen vermutlich der größte Feind. Aber wie gesagt, das ist gar nicht der Grund, der mich ganz persönlich kritisch auf ein Leben am realen oder virtuellen Pokertisch schauen lässt.

Was mich viel mehr stört: Professionelle Pokerspieler müssen mit Einsamkeit umgehen können. Die Sonntage gehen für Online-Turniere drauf, weil die Gewinnsummen dann höher sind. Bei großen Turnieren wird manchmal acht, zehn oder fünfzehn Stunden am Stück gespielt. Und zwar in den seltensten Fällen in einem Casino, mit lustigen Typen am Tisch und von schönen Frauen umringt, sondern allein zu Hause vor dem Rechner, mit sechs, acht oder zehn Turnieren gleichzeitig vor Augen. Jede Stunde gibt es fünf Minuten Pause, um Kaffee zu holen oder auf die Toilette zu gehen. Anrufe kann man nicht annehmen – außer sie kommen von anderen Pokerspielern, und man holt sich damit Unterstützung an die Strippe. Ablenkung, auch nur für einen Moment, kann sich spätestens dann, wenn es wirklich ums Geld geht, keiner erlauben.

Mein Zimmer stank nach einigen Stunden nach saurem Schweiß. Ich hatte irgendwann überhaupt keinen Schlafrhythmus mehr, weil ich natürlich nicht ins Bett ging, bevor das letzte Turnier beendet war, egal, ob das um 23 Uhr, 3 Uhr oder 8 Uhr morgens der Fall war. Mein Schlaf wurde immer unruhiger und ich nahm zu, weil für mehr als Fastfood kaum noch Zeit war. Vor allem aber wurde ich immer gereizter. Der dauernde Stress fordert auf Dauer eben doch seinen Tribut. Die Zeit, in der ich gelebt habe wie ein Pokerprofi, war spannend, keine Frage. Vor allem aber war sie ungesund, körperlich wie geistig. Beim Schreiben kann ich kurz aufstehen, wenn der Kopf leer ist. Ich kann eine Runde schlafen, wenn ich zu müde bin, um weiterzumachen. Ich kann mir den Tag frei einteilen, kann meine Freundschaften und Beziehungen pflegen, kann auch mal abschalten. Als Pokerprofi geht all das nicht, zumindest gilt das für mich.

Es ist daher meine bewusste Entscheidung, diesen Weg nicht weiterzugehen. Ganz abschwören werde ich dem Spiel allerdings auch nicht. Dafür liebe ich das Gefühl, wenn die Karten aufgedeckt werden und ich merke, dass ich alles richtig gemacht habe, doch zu sehr. Und wo sonst bekommt man so eindeutiges Feedback? Meine ganz persönliche Suche nach dem Jackpot geht aber davon abgesehen an anderer Stelle weiter.

## Fazit

- Poker ist ein Spiel, das sich dominieren lässt. Wenn man also auf Dauer verliert, hat man sich nicht genug damit auseinandergesetzt.
- Im Sinne der Wahrscheinlichkeit ist es deutlich sinnvoller, viele Turniere online als einzelne Turniere offline zu spielen. Je mehr Spiele man spielt, desto eher nähert man sich dem zur eigenen Spielstärke passenden Erwartungswert an und schaltet den puren Zufall aus.
- Große Gewinne kommen nicht über Nacht, aber wenn man vom Pokern leben kann, besteht eine gute Chance, dass man irgendwann auch einmal einen großen Jackpot erwischt.
- Die negative Seite des Pokerns ist die Gefahr der Vereinsamung. Man muss sich genau überlegen, wie man sein Leben gestaltet, um nicht zum Einsiedler zu werden und so Freunde wie Familie vor den Kopf zu stoßen.

# 8
## Wetten, dass …

*Wenn Arbeit reich macht,*
*müssten die Mühlen den Eseln gehören.*
**Sprichwort**

Es war ein Sonntagmorgen. Mir war langweilig, und ich kam auf die glorreiche Idee, mir die Zeit mit ein paar Sportwetten zu vertreiben. Nun war gerade absolute Saure-Gurken-Zeit. Beim Fußball war Sommerpause, die Tennistour war gerade in Nordamerika unterwegs und daher morgens noch nicht aktiv, kein Großereignis wie Olympia lud zum Wetten ein. Und so kam es, dass ich am Ende meinen kleinen Betrag auf koreanischen Frauenbasketball setzte. Und völlig überraschend verzockte. Das war soweit noch nicht schlimm, denn es ist schon etwas dran an der Bemerkung, die der Generalsekretär des Internationalen Clubs für Pferderennen, Freiherr Taets von Amerongen, wie von Martin Furtwängler dokumentiert[vii], bereits 1895 tätigte. Er sagte, dass das Publikum sein Interesse an den Rennen nur behält, wenn ihm die Unterhaltung des Wettens geboten wird. Oder anders gesagt: Mancher Sport wird erst richtig spannend, wenn man auch darauf wetten kann. Koreanischen Frauenbasketball etwa würde ich, ohne es den Damen gegenüber despektierlich zu meinen, definitiv zu diesen Fällen zählen.

Zum Nachdenken brachte mich das Erlebnis aber trotzdem. Was hatte ich eigentlich falsch gemacht? Zunächst einmal war ich sehenden Auges mit einem dicken Nachteil in die Wette hineingegangen. Bei dem Versuch vor dem Tippen auch nur ein wenig Information über die Mannschaften zu sammeln, scheiterte ich schon an meinen mangelnden Koreanisch-Sprachkenntnissen. Wie weit ist die Saison? Für wen geht es um was? Sind alle Schlüsselspielerinnen gesund? Und wie sind die Heim- und die Auswärtsbilanzen der beiden Teams? Keine dieser Fragen hätte ich beantworten können. Davon, dass der Bookie, der Buchmacher des Wettportals, ebenso blauäugig an die Sache herangegangen war, ist nicht auszugehen. Denn während ich zum Spaß spiele, muss er für ein Unternehmen Geld verdienen – und das geht nur, wenn er ordentlich informiert ist. Es war also ganz eindeutig: Ich hatte ein klares Informationsdefizit – und hätte nur mit viel Glück gewinnen können. Auf die Dauer hilft einem allerdings auch bei den Sportwetten nicht Glück, sondern nur eine strukturelle Überlegenheit. Ich begann also, mich mit dem Thema etwas intensiver zu beschäftigen. Und dabei half zum besseren Verständnis ein kurzer Blick in die Geschichte.

Der Beginn von Sportwetten als Massenphänomen liegt in Deutschland noch gar nicht so lange zurück. Das Fußball-Toto kam in Deutschland direkt nach dem Krieg, also 1945 ins Gespräch. Und wie so oft war der Grund dafür nicht, dass man den Bürgern etwas Gutes tun, sondern vielmehr, dass man ihnen ans Geld wollte. Keine Frage, der Wiederaufbau musste finanziert werden. Und gerade für Sportplätze, Schwimmbäder und Turnhallen war zunächst in den leeren Staatskassen nichts da. Sport treiben wollten die Menschen aber dennoch, und so wagte Bayern sich im Jahre 1948 als erstes Bundesland ans Fußball-Toto, um mit einem Teil der Einnahmen die Instandsetzung der Sportstätten zu finanzieren.

Auch heute noch steuert ODDSET, wie der deutsche Fußball-Toto-Block inzwischen heißt, durchaus nennenswerte Summen zum Gesamtbetrag bei, den staatliche Lotterie- und Sportwettenanbieter laut Glücksspielstaatsvertrag für wohltätige Zwecke abführen müssen. Allerdings sinkt diese Summe kontinuierlich, was vor allem damit zu tun hat, dass der Markt inzwischen von weltweit agierenden Anbietern dominiert wird, die zumeist deutlich attraktivere Konditionen anbieten. Schüttete ODDSET in der Vergangenheit nur 55 Prozent seiner Einnahmen wieder an die Spieler aus, sind es bei kommerziellen Anbietern, die keine Verpflichtung gegenüber der Öffentlichkeit haben und oftmals aus Steuerparadiesen heraus agieren, regelmäßig über 90 Prozent.

Das wirkt sich natürlich auf die Wettquoten aus, die ausrücken, mit welchem Faktor die Einzahlung im Falle eines Gewinns multipliziert wird. Und vor diesem Hintergrund, und unter Ausblendung der gesamtgesellschaftlichen Auswirkungen, kann man einem erfolgsorientierten Wetter gar nichts anderes empfehlen, als die Finger von staatlichen Wetten zu lassen. Natürlich verzichtet man damit auch auf gewisse Vorteile, etwa die unveränderlichen Quoten, die unabhängig davon sind, wann man tippt, oder die Garantien, dass die Wetten auch angenommen werden. Private Wettanbieter suchen sich ihre Spieler nämlich tatsächlich aus, wie später noch deutlich werden wird. Und sie passen außerdem die Quoten in der Regel an, und zwar so, dass sie ihr Risiko minimieren. Manchmal kann man das für sich nutzen, vor allem aber erhöht es die Komplexität, weil es dadurch beim Wetten nicht mehr nur auf die richtige Tendenz, sondern auch auf den richtigen Zeitpunkt ankommt.

Ganz unabhängig von all den Feinheiten muss festgehalten werden: Die meisten Menschen, die auf Sport wetten, verlieren auf Dauer Geld. Wer ein durchschnittlicher Wetter ist, hat daher zumindest den Hausvorteil gegen sich. Wer noch nicht einmal das ist, hat eine Rendite, die nicht weit weg von jenen liegen dürfte, die man mit Bankaktien nach dem Crash erreichen konnte. Auf jeden Fall ist man tief in den roten Zahlen. Und wie tief sich manche Menschen in diese begeben, kann man in Online-Foren zum Thema Sportwetten ausführlich nachlesen. Die Beiträge dort lesen sich zum Teil urkomisch, die Geschichten dahinter sind es aber nicht. So schreibt ein Abhängiger, er habe über die Jahre Geld im Wert einiger Mehrfamilienhäuser eingesetzt, »dummerweise aber etwa eines zu wenig wieder herausgeholt«. Ein anderer spricht von »Umsätzen, die Banker neidisch werden lassen«. Ein Dritter wiederum berichtet, dass seine letzte Chance war, sich bei allen Buchmachern der Welt – und das sind einige hundert, wenn nicht gar tausende –, die von Deutschland aus spielbar sind, sperren zu lassen, nachdem er sie alle durch hatte, »teilweise mit bis zu drei Accounts und allem, was ich jemals besessen habe«.

Gibt es also gar keine Möglichkeiten, mit Sportwetten auf Dauer im positiven Bereich zu liegen oder gar reich zu werden? Ganz so eindeutig ist die Sache nicht. Denn es gibt sie durchaus, die Geschichten, bei denen Wetter die Buchmacher überlisten und richtig abkassieren konnten. Dazu muss man allerdings ein wenig tiefer in die Theorie einsteigen. Nehmen wir etwa ein Spiel der Fußball-Bundesliga, also einer der größten Ligen der Welt. Nehmen wir darüber hinaus an, dass es um ein Spiel des FC Bayern geht, der in seiner Münchner Arena einen Abstiegskandidaten wie etwa den SC Freiburg empfängt. Die Wahrscheinlichkeit, dass die Münchner dieses Spiel siegreich bestreiten, ist sehr, sehr hoch. Das wissen natürlich auch die Buchmacher dieser Welt, die sich in den Quoten bei so einem Spiel ziemlich einig sein dürften. Wer auf die Bayern setzt, wird vielleicht das 1,05-fache oder 1,10-fache seines Einsatzes wiederbekommen, mehr aber auch nicht.

Diese Quoten sind von Seiten der Buchmacher zunächst einmal so gestaltet, dass sie die Wahrscheinlichkeiten auf ihrer Seite haben. Wer immer auf den FC Bayern setzt, darf bei durchschnittlichen Quoten von 1,10 im Schnitt nur bei jedem zwölften Spiel falsch liegen, um eine positive Rendite zu erwirtschaften. Selbst wenn er zehn Spiele am Stück richtigliegt, reicht es am Ende nur zur Vermeidung von Verlusten, nicht aber zur Generierung eines Gewinns, wenn er schon beim elften und nicht erst beim zwölften Spiel falsch liegt. Wer hingegen immer auf Außenseitersiege mit einer Quote von 5,00 setzt, kann vier von fünf Spielen verlieren und ist immer noch bei einer schwarzen Null, hat also keinen Gewinn, aber eben auch keinen Verlust gemacht. Insofern muss das Ziel eines Wetters nicht sein, sich Events zu suchen, bei denen er einfach nur möglichst oft richtig liegt. Vielmehr gilt es hier, wie beim Poker, die Schwachstellen im System des Gegenübers, in diesem Falle in dem des Buchmachers, zu finden. Und die könnte sowohl darin liegen, dass er für ein Spiel des FC Bayern, bei dem die faire Quote 1,10 wäre, eine 1,15 anbietet oder bei einem Außenseiter, bei dem eine faire Quote bei 5,00 läge, eine 6,00 aufschreibt. Um es an unserem Beispiel zu erklären: Wenn der FC Bayern statistisch jedes zehnte Heimspiel nicht gewinnt, ein Buchmacher aber im Schnitt Quoten von 1,20 anbietet, würde man auf Dauer recht profitabel auf dieser Plattform wetten können – und der Anbieter würde im Schnitt Geld verlieren.

Nun wird es kaum überraschen, dass sich solch eindeutige Beispiele kaum finden lassen. Und wenn, dann wird das nicht allzu lange so gehen, weil der entsprechende Anbieter dann ganz schnell pleite ist. Die Gründe dafür, dass solche Fälle so selten sind, liegen auf der Hand: Natürlich haben die Buchmacher der Wettanbieter gerade für Top-Sportarten, Top-Events und Top-Ligen umfassende Informationen, die sie solche Fehler vermeiden lassen. In der Regel erledigen längst Algorithmen auf Basis riesiger Datenmengen den Hauptteil der Arbeit. In genau dieser Beschreibung liegt aber auch die – zumindest theoretische – Möglichkeit, die Buchmacher zu schlagen, nämlich, indem man entweder eine bessere Informationsbasis oder ein besseres Auswertungssystem hat.

Diese Voraussetzungen hören sich deutlich trivialer an, als sie sind. Aber ab und zu hauen eben auch die Profis einmal daneben und geben eine Wette mit schlechten Quoten frei. An einen solchen Fall erinnere ich mich sogar noch recht genau.

Es war Anfang des neuen Jahrtausends, genau in der Zeit, als die Online-Wettbüros ihren Siegeszug begannen. Arne, ein Bekannter von mir, war damals mit einem Badminton-Bundesligaspieler befreundet, der immer wieder auch internationale Turniere spielte und viele der Spieler persönlich kannte. Als die WM anstand, traute dieser beim Blick auf die Wettquoten seinen Augen nicht, denn dort ging es wild durcheinander. Für die beiden Freunde, damals noch Studenten, wurden die seltsamen Quoten zu einem kleinen Eldorado.

Man kann nur spekulieren, aber vermutlich hatte der zuständige Buchmacher zu dieser Randsportart kaum nützliche Informationen – und ging wohl gleichzeitig davon aus, dass es den Wettern nicht besser gehen dürfte. Als die Buchmacher des Wettanbieters merkten, dass sie mit dieser Vermutung wohl daneben lagen, waren Arne und sein Freund schon um einige hundert Euro reicher – und der Anbieter um denselben Betrag ärmer. Der letzte Ausweg für die Wettanbieter ist dann – leider gedeckt durch die AGBs – die Konten der zu erfolgreichen Spieler vorübergehend, manchmal auch dauerhaft, zu sperren, noch bestehende Wetten aufzulösen oder Wettangebote komplett zurückzuziehen. In solchen Situationen darf man sich immerhin als Gewinner fühlen – denn bei Verlierern hat das Unternehmen kein Interesse daran, den Spielfluss zu unterbrechen. Und man ist als Ausgeschlossener auch in bester Gesellschaft, wenn man daran denkt, dass auch Ben Affleck seit nicht allzu langer Zeit Hausverbot in vielen Casinos von Las Vegas hat, weil er wohl zu gut gespielt hat. Das hilft einem aber alles am Ende nicht weiter, denn es schmälert die Renditechancen als professioneller Wetter auf Dauer ganz gewaltig.

Natürlich gibt es – wie immer in solchen Fällen – Versuche, die Spielverderber auszutricksen. Wenn man sich in der Szene umhört, stößt man auf die wildesten Geschichten, gerade wenn es um Profis geht, die mit riesigen Summen im fünf- oder sechsstelligen Bereich wetten. Diese sind wahre Verkleidungskünstler, die in verschiedensten Outfits und unter verschiedensten Namen in den Annahmestellen aufkreuzen. Mittelsmänner werden ebenso genutzt wie eine Vielzahl von Online-Konten, die über die Namen von Freunden, Bekannten oder Verwandten laufen. Dies reicht definitiv tief in rechtliche Grauzonen hinein und sorgt dafür, dass die Securities der Wettbüros sehr ungehalten und grob reagieren, wenn man auffliegt.

Die Quoten beim Badminton spiegeln inzwischen übrigens regelmäßig die reale Stärke der Spieler wider. Die Professionalität der Wettanbieter ist heute auch deutlich höher als noch vor einigen Jahren. Um Schwächen in der Vorhersage zu finden, muss man weit unüblichere Sportarten ansteuern, was zunehmend schwieriger wird. Es sei denn, man kommt irgendwie an legales Insiderwissen. Bei einem Fußballspiel ist das eher unmöglich – außer es sind kriminelle Mächte am Markt. Denn wie heißt es so schön: »Der Ball ist rund« – und am Ende kann eben auch Freiburg in München gewinnen. Es gibt aber doch einige wenige Beispiele im Sportumfeld, bei denen die Wettanbieter vermutlich nicht bedacht haben, dass es immer Menschen geben wird, die in Bezug auf das angebotene Ereignis deutlich früher als sie selbst Bescheid wissen dürften. Als vor Jahren etwa der FC Bayern auf der Suche nach einem neuen Trainer war, wurden viele Namen gehandelt. Einem wurden allerdings kaum Chancen zugestanden: Otto Rehhagel. Kurz bevor dieser überraschend als neuer Coach vorgestellt wurde, setzten plötzlich einige Leute höhere Beträge genau darauf – und bezahlten, so wird kolportiert, mit Kreditkarten aus der Sonderedition für Mitarbeiter des FC Bayern München.

Ein ähnlicher Fall brachte auch ein englisches Unternehmen in Nöte, das Wetten darauf zugelassen hatte, ob das Wembley-Stadion pünktlich fertig wird. Innerhalb kurzer Zeit wurde eine große Zahl von Wetten auf Nein abgeschlossen – und zwar von Hunderten auf der Stadion-Baustelle beschäftigten Arbeitern. Es fällt einem nicht schwer, sich vorzustellen, dass dort Arbeitsmotivation und -geschwindigkeit in den darauffolgenden Wochen nicht unbedingt ein Höchstmaß erreichten. Und man lernt ganz nebenbei: Es gibt vor allem im wettverrückten England ungefähr gar nichts, auf das man nicht irgendwie wetten kann, egal ob es sich um Sport handelt oder um ganz andere Dinge.

Eine weitere Möglichkeit, mit Wetten Geld zu verdienen, sind sogenannte »Sure Bets«, also sichere Wetten. An der Börse spricht man auch von Arbitrage-Wetten. Dabei geht es darum, dass man auseinandergehende Einschätzungen von unterschiedlichen Wettanbietern so für sich nutzt, dass man auf alle möglichen Ergebnisse gleichzeitig setzen kann und trotzdem sicher gewinnt. Schätzt also im Falle eines Tennisspiels ein Wettanbieter den Spieler A schwächer ein und zahlt für dessen Sieg eine Quote von 2,10 und ein anderer Wettanbieter sieht es genau andersrum und zahlt für Spieler B eine Quote von 2,10, dann könnte man beispielsweise gleichzeitig 100 Euro auf beide Ergebnisse setzen und würde $(2,10 \times 100 - 100) + (2,10 \times 0 - 100) = 10$ Euro sicheren Gewinn einfahren, eine Lizenz zum sorgenfreien Gelddrucken also.

So weit, so gut. Und: so theoretisch. Denn leider ist die Zahl der Ereignisse, bei denen sich die Wettanbieter derart uneins sind, in der Praxis sehr gering. Am ehesten passiert das bei Schaukämpfen, bei Benefizspielen und bei TV-Wettkämpfen wie der Wok-WM, Schlag den Raab oder ähnlichen Events, wo es entweder nicht immer richtig ernst zugeht oder die Datenbasis aus der Vergangenheit oftmals gleich Null ist. Wenn solche Fälle aber tatsächlich einmal auftreten, fallen sie nicht nur den im Netz inzwischen reichlich vorhandenen automatischen Sure Bet-Findern auf, sondern natürlich auch den zuständigen Abteilungen der Buchmacher. Die brauchen in der Regel nicht lange – wenige Minuten, oftmals nur Sekunden –, um die Sure Bets zu tilgen.

Selbst wenn manche Angebote besonders verlockend klingen, sollte man auch beim Thema Sportwetten nicht gierig

werden. So gibt es im Netz einige Seiten, die einem versprechen, für eine gewisse Servicegebühr das Setzen auf Sure Bets
zu übernehmen. Man müsse sich um gar nichts mehr küm-
mern und mache ganz nebenbei eine Menge Geld, wird einem
da suggeriert. Meistens sind diese Anbieter nicht allzu lange
online und verschwinden so schnell wieder von der Bildfläche,
wie sie gekommen sind – und in den Onlineforen stellen sich
geprellte Kunden dann die Frage, wo wohl ihr schönes Geld gelandet ist. Ich vermute irgendwo auf den Bahamas, investiert
in kalte Drinks und schöne Frauen. Also Finger weg von solchen Versprechen – am Ende gewinnen nur diejenigen, die das
Geld einsammeln.

Mein Mitleid mit den Wettanbietern, die durch Insiderwissen oder Sure Bets Geld verlieren, hält sich übrigens in engen
Grenzen, sind sie doch andererseits auch nicht zimperlich,
wenn es darum geht, ihren Kunden das Gewinnen zu vermie-
sen – oder sogar zu verbieten. Wer glaubt, er könne auf eine
Sure Bet schnell einmal vier- oder gar fünfstellige Beträge setzen, muss damit rechnen, dass diese einfach nicht angenommen oder storniert werden. Im allerdümmsten Fall steht man
dann mit einer riesigen Position auf einem der Ergebnisse, weil
der zweite Teil der Sure Bet nicht erfolgreich platziert werden
konnte. Spätestens dann beginnt das große Zähneklappern.
Was also in der Theorie super funktioniert, kann in der Praxis
furchtbar schiefgehen.

Wenn man nicht über Insiderwissen verfügt oder professionell auf Sure Bets setzen kann, wie einige Firmen, die sich
darauf spezialisiert haben, bleibt einem nur noch der Weg
über bessere Informationen oder eine bessere Nutzung der
zur Verfügung stehenden Informationen. Es gibt eine ganze
Reihe von Anbietern von Sportdaten, mit denen man auch
als Privatperson ins Geschäft kommen kann. Das ist übrigens einer der Vorteile, die Sportwetten etwa gegenüber der
Börse haben: Man hat – immer unter der Annahme, dass fair
gespielt wird – grundsätzlich eher die Chance, mit den pro-

fessionellen Playern auf Augenhöhe zu agieren, als etwa im Falle internationaler Rohstoff- oder Währungsmärkte. Die Informationsbasis vor Beginn eines Fußballspiels ist mit Hilfe gängiger Methoden für alle gleichermaßen einschätzbar: Wetter, Stadion, Aufstellung und Tabellensituation sind ebenso bekannt wie Heim- und Auswärtsstärke der Teams, die Zahl der versuchten und erfolgreich an den Mann gebrachten Pässe, die Laufleistung der einzelnen Spieler oder die Schussabwehrquote der Torhüter. All das kann über kostenlose Statistiktools oder Bezahldatenbanken von allen Interessierten abgerufen werden. Der ehemalige Börsenprofi und heutige Vorstand des österreichischen Wettanbieters tipp3, Georg Weber, lässt sich im Gespräch mit der österreichischen Zeitung *Die Presse* sogar mit der Aussage zitieren, Wetten sei seriöser als Börse. Wahrscheinlich trifft aber die Vermutung, dass Wetten und die Börse vor allem ziemlich viel gemeinsam haben, eher zu.

Elihu D. Feustel, einer der großen Namen unter den professionellen Sportwettern, hat die persönlichen Voraussetzungen, die man mitbringen muss, um als Sportwetter erfolgreich zu sein, an verschiedenen Stellen beschrieben. Und um es vorwegzunehmen: Diese decken sich nicht nur weitgehend mit dem, was wir schon vom Pokern kennen, sondern auch mit dem, was wir beim Thema Börsenspekulationen noch kennenlernen werden. Zunächst einmal kommt es nämlich auf die richtigen psychologischen Voraussetzungen an. Und da schlägt mathematisches Denken das Zocker-Gen um Längen. Wer also mit Mathematik auf dem Kriegsfuß steht, sollte sich wohl lieber einen anderen Weg suchen, um zu Geld zu kommen. Außerdem muss man in der Lage sein, sich zurückzunehmen und nicht auf Teufel komm raus zu zocken, wenn gerade keine Wette im Angebot ist, bei der man einen Vorteil zu haben glaubt. Oder anders gesagt: Wenn man sich nicht gerade mit der koreanischen Frauenbasketball-Liga intensiv auseinandergesetzt hat, ist es eine profitable Entscheidung, die Hände still zu halten und vielleicht eine Runde spazieren zu gehen.

Überhaupt sollte man sich am besten eine, oder zumindest nur sehr wenige Ligen und Sportarten aussuchen, in denen man dann zum echten Fachmann wird und sich alle verfügbaren sinnvollen Statistiken besorgt. Je kleiner die Liga, desto besser die Chancen, sich einen echten Vorsprung zu erarbeiten. Aber damit ist es dann noch lange nicht getan. Erfahrene Wetter sind sich einig, dass man pro Spiel, auf das man setzen will, eine halbe Stunde Vorbereitungszeit für Recherche und Datenanalyse einplanen sollte. Die ausgewählten Wetten sollten dann optimalerweise alle auf einmal gesetzt werden, um sie dann erst wieder anzuschauen, wenn die Ergebnisse feststehen. Das verhindert, dass einem während des Spiels plötzlich alle Sicherungen durchbrennen und man wild Geld hinterherschmeißt. Wer seiner Analyse vertraut, kann auch mit Niederlagen umgehen. Denn die gehören zum Geschäft. Was am Ende zählt ist nur, dass man öfter gewinnt als verliert.

Über die Zeit gewinnt man so ein Erfahrungswissen, das einem hilft, auch gewisse irrationale Marktgegebenheiten zu berücksichtigen. So gibt es beispielsweise nachweislich viele Menschen, die wetten, um das Gefühl des Gewinnens zu spüren. Das muss aber, wenn man auf schlechte Quoten setzt, auf Dauer nicht unbedingt profitabel sein, wie wir schon gesehen haben. Wer sich davon freimachen kann, kann die Irrationalität der anderen in dem einen oder anderen Fall für sich nutzen und aufgrund der richtigen Auswahl seiner Wetten am Ende im Plus sein. Dazu kommen regionale Besonderheiten. So sind etwa Profiwetter bei Wetten in osteuropäischen Ligen sehr vorsichtig, weil dort immer wieder Spiele verschoben werden. Wetter in den Ländern des ehemaligen Jugoslawiens wiederum gelten als wettverrückt und besonders gut informiert, was auf die Quoten in den dort viel gespielten Ligen Auswirkungen hat. Auch das kann man mit etwas Erfahrung für sich nutzen und die Buchmacher der Anbieter ins Schwitzen bringen. Engländer wiederum gelten als besonders verrückt und patriotisch, was dafür sorgt, dass Quoten auf englische Teams – egal in welcher Sportart – oftmals deutlich niedriger sind, als deren tatsächliche Stärke vermuten ließe. Die Fußball-WM 2014 war dafür wieder einmal ein schönes Beispiel.

Während der Weltmeisterschaft konnte man übrigens beobachten, dass Wetten auf Basis von Statistiken und mathematischen Modellen auch schiefgehen können. Nicht nur einer der größten Statistik-Gurus, sondern auch eine riesige Zahl von namhaften Großbanken blamierte sich dabei fürchterlich. Sie alle hatten den Fehler gemacht, auf Basis ihrer ganz eigenen Modelle den Ausgang der WM vorherzusagen – wohl auch in der Absicht, sich damit ins Gespräch zu bringen und in der Öffentlichkeit mit der Qualität ihrer Analysen zu glänzen. Was dabei herauskam, darf man allerdings ohne Ausnahme ein Debakel nennen. Der Datenjournalist Nate Silver etwa, der 2009 vom *Time Magazine* zu einer der weltweit hundert einflussreichsten Persönlichkeiten erkoren wurde, tippte bei der Fußball-WM 2014 auf Brasilien, die im Finale gegen Argentinien gewinnen sollten. Für Deutschland sah er gerade einmal eine Siegwahrscheinlichkeit von elf Prozent.

Noch schlimmer erwischte es die Banken mit ihren riesigen Analyseteams. Der Computer von Branchenprimus Goldman Sachs etwa spuckte zunächst einmal eine fast unwirkliche Reihe von 1:1-Ergebnissen aus – 32 der 48 Vorrundenspiele sollten mit genau diesem Ergebnis zu Ende gehen, am Schluss waren es ganze zwei. Dreimal stimmte das Ergebnis, 15 Mal immerhin noch die Tendenz, 30 Mal aber lagen die Superhirne der Bank komplett daneben. Man braucht kein Mathegenie zu sein, um zu wissen: Mit solchen Ergebnissen kommt man als Wetter noch nicht einmal in die Nähe einer schwarzen Null. Computer und Banker haben eben keine Ahnung vom Fußball, wie es scheint. Aber damit noch nicht genug: Als Finale hatte Goldman Sachs vor dem Beginn der WM ebenfalls Brasilien gegen Argentinien vorausgesagt. Immerhin einen Finalisten hätte man damit also getroffen. Allerdings wurde der Tipp nach der Vorrunde angepasst – und Argentinien durch die Niederlande ersetzt. Unnötig zu erwähnen, dass Brasilien auf dem Weg ins Finale Deutschland schlagen sollte (das Spiel ging 7:1 verloren, für all diejenigen, die es tatsächlich vergessen haben sollten). Und bei der Titelchance für Deutschland reihte man sich direkt neben Nate Silver ein: Ganze 11,4 Prozent wollte man Jogi und seinen Jungs zubilligen. Die Deutsche Bank schoss den Vogel allerdings komplett ab: Ihr Weltmeister-Tipp war England, das am Ende mit nur einem Punkt Gruppenletzter hinter Costa Rica, Uruguay und Italien wurde und sich damit um den letzten Platz des Turniers mit Mannschaften wie Iran, Honduras oder Kamerun streiten durfte. Wenn man weiß, dass die Investmentbanker der Bank dafür zuständig waren, die nicht in Frankfurt, sondern in London sitzen, bestätigt das ganz nebenbei auch die eben besagte Hypothese, dass die Engländer dazu neigen, ihre Mannschaften zu überschätzen.

Welche Erkenntnis zieht man am Ende aus all diesen Beobachtungen? Zumindest scheint der alte Spruch vom Schuster, der bei seinen Leisten bleiben soll, auch heute noch zu gelten. Ein bisschen Ahnung vom Fußball sollte man vielleicht doch haben, wenn man die Ergebnisse vorhersagen will. Noch deutlicher wird jedoch etwas anderes: Fußball ist wohl nicht die am besten geeignete Sportart für statistische Ergebnisvorhersagen. Denn was der normale Fan längst weiß, haben inzwischen auch Statistiker in aufwendigen Verfahren herausgefunden: Das Ergebnis eines Fußballspiels hängt zu einem hohen Prozentsatz von einem ganz profanen Umstand ab: Zufall. Beziehungsweise wahlweise Glück oder Pech, wie man es als Fan bezeichnen würde. Der Besitzer der Londoner Wettfabrik Smartodds, Matthew Benham – seines Zeichens Physiker und Ex-Investmentbanker –, hat die Rolle von Zufall in einem Interview mit der Fußball-Zeitschrift *11Freunde* einmal am Beispiel der Bundesliga erklärt. Zweimal, so sagte er, habe in den letzten Jahren nicht das beste Team den Meistertitel geholt, sondern in den Fällen von Stuttgart 2007 und Wolfsburg 2009 das viert- beziehungsweise drittbeste Team. »Damit meine ich nicht, dass diese Mannschaften über ihren Möglichkeiten gespielt oder ihr Potential mehr als die Konkurrenz ausgeschöpft haben. Nein, sie waren von ihren Leistungen her, wie wir sie sehr präzise zu erfassen glauben, Dritt- oder Viertbeste. Der Rest war Glück«, erklärte er. Genau diese Unvorhersehbarkeit mag zwar einer der Gründe dafür sein, warum das Spiel auf der ganzen Welt so beliebt ist. Auf der anderen Seite ist es ein guter Grund, um als Wetter die Finger davon zu lassen und auf Spiele zu setzen, bei denen der Zufall nicht im selben Maße die Finger im Spiel hat. Handball, Basketball, Tennis – überall dürfte es deutlich besser aussehen. Das wissen allerdings auch die Bookies. Und damit geht das Spiel um die wirklich erfolgversprechenden Quoten wieder von vorne los.

Ich habe übrigens eine Zeitlang mit unterschiedlichen Methoden versucht, meine Gewinnerstrategie zu finden. Intensiv habe ich dabei auf Tennis gesetzt, einen Sport, den ich selbst leidlich beherrsche und wo ich einige der Spieler noch persönlich kenne. Neben den frei verfügbaren statistischen Hilfsmitteln, etwa von der Seite der offiziellen Dachorganisationen ATP und WTA, setzte ich auf meinen Sachverstand. So gab es einige Jahre immer wieder profitable Wetten zu Beginn der Sandplatzsaison, bei denen unterschätzte spanische Sandplatzspezialisten gegen absolute Hartplatzspezialisten spielten. Inzwischen haben die Buchmacher das allerdings auch auf dem Zettel. Viel Geld kostete mich dann der ehemalige Weltranglistendritte, der Russe Nikolai Davydenko, gegen den ich früher selbst noch gespielt habe. Einige kaum zu erklärende Niederlagen gegen Außenseiter sorgten dafür, dass mein Konto plötzlich im Minus war. Und als dann bekannt wurde, dass zumindest eines dieser Spiele unter Manipulationsverdacht stand, ließ ich es mit dem Tennis. Denn manipulierte Spiele machen das Ganze schnell teuer – und beim Tennis muss man nur eine Person dazu bringen, schlecht zu spielen, um ein Spiel in die eine oder andere Richtung zu lenken.

Vor allem auf Grund der Manipulationsgefahr und der teils rabiaten Geschäftspraktiken der Wettanbieter sehe ich beim Thema Sportwetten nicht, wie ich das ganz große schnelle Geld machen kann. Ich setze daher zum Spaß zehn Euro auf einen deutlichen Auswärtssieg meines 1. FC Nürnberg – was in der Regel daneben geht – und schließe ansonsten das Kapitel Sportwetten ab. Noch bleiben mir ja ein paar Ideen.

## Fazit

- Sportwetten können theoretisch profitabel betrieben werden, in der Realität verhalten sich die Wettanbieter allerdings oft wie Spielverderber und sperren erfolgreiche Wetten.
- Staatliche Anbieter sind zwar deutlich kulanter, bieten aber deutlich schlechtere Quoten und damit kaum Chancen auf eine dauerhaft profitable Gestaltung von Wetten.
- Es geht nicht in erster Linie darum, die richtigen Ergebnisse vorherzusagen, sondern die richtigen Wetten zu finden, bei denen die Quotenvorgaben Schwächen aufweisen.
- Zum Wetten ist nur geeignet, wer sich vom Kopf und nicht vom Bauch leiten lässt. Wer mit Rückschlägen nicht umgehen kann, wird kaum ein stabiles Risikomanagement durchhalten können.

# 9

## Kostolanys Erbe

*Es gibt tausend Möglichkeiten, Geld loszuwerden,*
*aber nur zwei, es zu erwerben:*
*Entweder wir arbeiten für Geld –*
*oder das Geld arbeitet für uns.*
**Bernard Mannes Baruch**

In den letzten Jahren waren immer wieder Firmen in den Schlagzeilen, die ihren Kunden besonders hohe Renditeversprechungen gemacht haben. S&K, Prokon, aber natürlich auch die Großbanken mit ihren wilden Derivatkonstruktionen, die am Ende die Finanzkrise auslösten, nutzten die Kombination aus Gier und mangelnder Bereitschaft, sich mit technischen und vertraglichen Details auseinanderzusetzen, um ihren Kunden Produkte anzudrehen, die diese am Ende teuer zu stehen kamen. Dabei wäre doch nur zu überlegen gewesen, mit wem man es in all diesen Unternehmen zu tun hatte. Säßen die Berater dort noch, wenn sie tatsächlich die eierlegende Wollmilchsau gefunden hätten? Vermutlich nicht. Oder wie es Großmeister André Kostolany – einer der größten Börsenexperten und Spekulanten des 20. Jahrhunderts, der uns auf den folgenden Seiten noch das eine oder andere Mal begegnen wird – formuliert hat: »Wer's kann, handelt an der Börse, wer's nicht kann, berät andere.«

Bei den Banken finde ich also nicht den richtigen Ansprechpartner. Mein erster neugieriger Blick geht daher nach Amerika. Denn dort lockte das schnelle Geld junge, gierige Männer und Frauen aus der ganzen Welt schon lange bevor dies für die Börsen der ganzen Welt galt. Wer kennt sie nicht, die Bilder von hektisch durcheinander schreienden Händlern, die auf dem Börsenparkett eng an eng stehen und mit geheimnisvollen Handzeichen versuchen, auf sich aufmerksam zu machen, um den gewünschten Kauf oder Verkauf abzuwickeln. Jahrzehntelang waren es genau diese Eindrücke, die das Image des Börsenhandels prägten – gemeinsam mit Filmfiguren wie Gordon Gecko, dem skrupellosen Investor aus *Wallstreet*.

Als im 19. Jahrhundert die ersten Marktplätze für Terminkontrakte, also Vereinbarungen über zukünftige Lieferungen zu festgelegten Preisen, in Chicago geöffnet wurden, dürfte niemand geahnt haben, dass die daraus entstehende Chicago Mercantile Exchange (CME) später einmal zu einem der größten Börsenplätze weltweit mit vielen tausend Menschen auf seinem Parkett werden würde. Während 1898 unter dem Schirm des Chicago Butter and Egg Board noch – Überraschung! – alleine Butter und Eier gehandelt wurden, kann man heute mit ungefähr allem handeln, was man sich vorstellen kann. Und auch mit dem, was man sich eigentlich nicht vorstellen kann. Von Währungskontrakten und Zinspapieren über Kontrakte zu Sojabohnen, Weizen und lebenden Rindern bis hin zu Immobilien, Edelmetallen und dem Wetter (!) – es ist für jeden Geschmack etwas dabei. Und zumindest früher ging dabei auch ordentlich die Post ab.

Wer sich in den 80er und 90er Jahren des letzten Jahrhunderts als Händler auf das Parkett der CME begab, musste eher eine Historie als Boxer, denn ein abgeschlossenes Hochschulstudium mitbringen. In der »Pit«, wie die Händler den Handelsraum im Stile einer Arena nennen, tummelten sich hunderte oder gar tausende Menschen gleichzeitig. Schon der Selektionsprozess war hart – und am Ende blieben nur die, die mit ordentlichem Durchsetzungsvermögen in der Lage waren, auch unter heftigster Anspannung in einem Gewühl von Menschen erfolgreich riesige Summen gewinnbringend zu verschieben. All das taten sie in der Regel auf eigene Rechnung, oftmals zunächst mit geborgtem Geld aus der Familie. Wenn jemand nach nur wenigen Tagen nie wiederkam, wusste man, dass er wahrscheinlich den gesamten Familienbesitz verspielt hatte. Aber immerhin hatte der Unglückliche dann nicht das Geld seiner Kunden verzockt, wie es etwa die Lehman-Banker praktiziert haben, sondern in erster Linie sich selbst ruiniert. Das hat im Vergleich ja schon fast etwas Ehrenwertes, wenn es sich für die Betroffenen auch nicht so angefühlt haben dürfte.

Die Verwendung des persönlichen Vermögens und die Tatsache, dass fast alle Deals der Welt auf der CME gemacht wurden, sorgte dafür, dass jedem klar war: Der eigene Gewinn ist der Verlust des Kollegen nebenan. Und andersherum natürlich auch. Und wir reden von richtig viel Geld, das an einem Tag gewonnen oder verloren werden konnte – Geld, für das locker ein Auto oder gar ein Haus zu kaufen war. Damit musste man erst einmal klarkommen. Es wundert daher kaum, dass es manchmal auch Prügeleien gab, wenn jemandem richtig die Nerven durchgingen. Und zwar in der Pit ebenso wie vor der Tür. Beschimpfen und bespucken wurde dabei gar nicht wahrgenommen, das war sowieso an der Tagesordnung.

Man darf es tatsächlich als Kunst bezeichnen, in dieser physisch wie psychisch aufgeheizten Atmosphäre noch die Nerven zu behalten, um seine Strategie durchzuziehen. Das schaffen schon am Spieltisch die wenigsten – und da geht es bei weitem nicht so körperlich zu. Die eigentliche Leistung war übrigens nicht, mit einem guten Griff mal im Plus zu liegen, sondern abends auch noch mindestens mit diesem Plus durch die Drehkreuze zu gehen. In diesen wilden Jahren verloren viele Händler in der Pit wie im Rausch den Überblick – großstädtische Büromenschen konnten sich hier plötzlich legal wieder einen richtigen Kick holen, der ansonsten in dieser modernen Zeit wenigen Extremsportlern vorbehalten schien.

Diese goldenen Zeiten sind längst vorbei. Es lohnt sich

daher kaum mehr, erst eine Nahkampfausbildung zu machen und dann den nächsten Flug nach Chicago zu nehmen. Inzwischen hat der Computerhandel das Zepter übernommen und macht über 90 Prozent des Gesamtvolumens aus. Und an den Schicksalen der Pit Trader wird deutlich: Auch wer schnelles Geld machen will, muss gleichzeitig einen Langfristplan haben. Die meisten Pit Trader hätten mit dem Geld, das sie einst gemacht hatten, ein sorgenfreies Leben führen können. Viele haben aber einfach darauf gesetzt, dass es ewig aufwärts geht. Nach 17 Jahren im Plus gab es vielleicht ein Jahr im Minus, aber noch war alles gut. Und es war ja nur ein Ausrutscher, man würde das im Jahr darauf schon wieder rausholen. Dann folgte das zweite Jahr im Minus. Und dann das dritte. Und dann war man plötzlich pleite und ohne Perspektive, weil man den Einstieg in den Computerhandel verpasst hatte. Die Experten sind sich einig, dass es nur noch eine Frage der Zeit ist, bis der Parketthandel, bei dem echte Menschen in der Pit Verträge mit echten Menschen abschließen, ganz geschlossen wird – vielleicht wäre es längst so weit, wenn derzeit nicht ein paar Weizen-, Mais- und Sojabohnenhändler dagegen klagen würden. Sie klagen, weil sie wissen, dass sie nur in der Pit eine Chance haben und dass sie im Computerhandel, in dem alles weitgehend automatisiert abläuft, untergehen würden, weil plötzlich ganz andere Fähigkeiten gefragt sind.

Der Handel an der Börse ist seit vielen Jahren einem enormen Wandel unterworfen. Was in der Vergangenheit zu schnellem Geld führte, zählt heute nicht mehr. Aber das heißt natürlich nicht, dass es die Chance dazu nicht mehr gibt. Sie kommt nur in einem anderen Gewand daher – und genau deswegen finde ich den Blick darauf spannend und wichtig gleichermaßen. Allerdings ergibt es keinen Sinn, an dieser Stelle Anlagestrategien vorzustellen oder gegeneinander abzuwägen, Fondsmanager ihre Marketingreden vortragen zu lassen, schnell eigene Modelle zu entwickeln oder gar Aktientipps aus dem Ärmel zu schütteln. Dazu fehlt der Platz und es gibt wahrlich schon genug Text zu diesen Themen, egal ob nun in Buchform, im Internet oder in Form von Zeitungen oder Magazinen. Was dort jedoch oft zu kurz kommt oder nur angerissen wird, ist der Blick auf die grundlegenden Fragen nach den Funktionsmechanismen der Märkte. Ich möchte also versuchen, die Perspektive zu wechseln und mir Gedanken über die fundamentalen Voraussetzungen machen, um an der Börse (kurzfristig) erfolgreich zu sein.

Auf den ersten Blick ist die Börse heute ein Ort vornehmer Ordnung. Egal wo man hingeht, ob nach Frankfurt oder New York, Düsseldorf oder Tokio: Die Börsen befinden sich in den besten Gegenden und sitzen zumeist in äußerst repräsentativen Gebäuden. Die Menschen, denen man dort begegnet sind bestens gekleidet, haben Manieren, spielen tagsüber ohne groß aufzufallen an Computerterminals und am Wochenende Golf. Wer an der Börse unterwegs ist, ist dort besser aufgehoben, als in jedem Casino der Welt – sollte man meinen. Auf den zweiten Blick allerdings ziehen dicke Wolken auf – und dafür braucht es noch nicht einmal die großen Skandale der letzten Jahre. Schon der wohl größte deutsche Börsenphilosoph, André Kostolany formulierte: »Ein Mann kann zwischen mehreren Methoden wählen, sein Vermögen loszuwerden: Am schnellsten geht es am Roulette-Tisch, am angenehmsten mit schönen Frauen und am dümmsten an der Börse.« Und da ist was dran.

Während man im Casino erwachsen sein muss, um mitmachen zu dürfen, reicht an der virtuellen Börse Geld auf einem Depotkonto als Eintrittskarte. Das ist zwar offiziell auch erst ab einem Alter von 18 Jahren zu haben – aber online finden sich zahlreiche Wege, diese Regel zu umgehen. Während man im Casino kompetente Ansprechpartner findet, die einen zum Thema Spielsucht beraten können, ist man an der Börse auf sich allein gestellt. Und während im Casino das verlorene Geld immerhin an Vater Staat geht, geht es an der Börse an die Leute im Hintergrund – und zwar im Zweifel immer an die gerade beschriebenen mit den schönen Schuhen und dem niedrigen Golf-Handicap. Oder wie Kostolany es ausgedrückte: »Von einem Fünftel der Börse leben die Spekulanten, von vier Fünfteln die Brokerfirmen.«

Kostolany hat natürlich leicht reden. Erstens ist er inzwischen tot, was zumindest den Vorteil hat, dass er nicht mehr beweisen muss, dass er seinen Erfolg auch im Computerhandel wiederholt hätte. Zweitens war seine Anlagestrategie, wie weithin bekannt, sehr einfach gestrickt: Gute Aktien kaufen, Schlaftabletten nehmen und die Papiere lange nicht mehr anschauen, um sich dann am Gewinn zu freuen – und im Zweifel den Zyklus wieder von vorne zu starten. Kostolany hatte also Zeit. Die habe ich aber nicht, wenn ich schnell zu Geld kommen will. Deswegen muss ich herausfinden, ob es einen anderen Weg durch das Gestrüpp von Emotionen, Hypes, Gerüchten, Ängsten und Spinnereien gibt, welches das Börsengeschäft produziert.

Hektisch darf man allerdings auf gar keinen Fall werden, das habe ich mit der Zeit gelernt – und teuer dafür bezahlt. Meine Entschuldigung dafür lautet, dass man eben nur in der Praxis wirklich lernt und aus Schaden klug wird. Ich will daher auch gar nicht lange um den heißen Brei herumreden: Die Papiere, von denen ich mir kurzfristig Wunderdinge versprach, waren regelmäßig Reinfälle. Ich habe in hochspekulative Start-ups mit wolkigen Geschäftsmodellen ebenso investiert wie in Rohstoffzertifikate, in Währungen ebenso wie in Optionsscheine und Knock-out-Zertifikate, die beim Erreichen eines bestimmten Schwellenwertes verfallen und die Gefahr eines Totalverlustes nicht umsonst schon im Namen tragen. Unter dem Strich steht bei diesen kurzfristigen Geschäften ganz sicher kein Gewinn. Und das, obwohl ich in viele der Investments durchaus eine Menge Zeit und Gehirnschmalz gesteckt habe – nur habe ich das Spiel an sich damals noch nicht richtig verstanden. Im Rückblick weiß ich: Eigentlich war das nur Zockerei. Und das auch noch gegen einen übermächtigen

Gegner. Während ich Fundamentaldaten zur Konjunkturentwicklung oder den Auftragseingängen wälzte, die Wirtschaftspresse vorwärts und rückwärts las und eigene Modelle über die Entwicklung von Euro, Dollar und Yen entwarf, bewegten sich die Profis ganz unabhängig von solchem Schnickschnack. Die Rede ist von Tradern – zu deutsch Händler –, die viel kurzfristiger als Investoren, dabei aber viel professioneller als Zocker agieren, sich in der Regel auf die technische Analyse und nicht so sehr auf Fundamentaldaten verlassen und damit oft sehr gut fahren.

Eines dieser meist scheuen Exemplare ist Daniel. Er heißt eigentlich anders, will aber unerkannt bleiben. Denn er sucht sich die Menschen, mit denen er übers Trading redet, gerne selbst aus und bleibt ansonsten in Deckung. »Nicht jeder versteht oder will verstehen, was ich tue«, versucht er eine Erklärung. Dabei schwingt ein wenig mit, dass es seit den Negativschlagzeilen über zockende Banker und wildernde Hedgefonds eher schwieriger geworden ist, dies den Menschen nahezubringen. Ich treffe ihn nicht in Frankfurt oder New York, sondern in einer deutschen Kleinstadt. Und er trägt auch keinen dunklen Anzug und teure Schuhe, sondern Jeans und Sneakers. Früher war er mal Musiker, heute ist er Trader – und zwar nicht im Auftrag von irgendwem, sondern auf eigene Rechnung. Das unterscheidet ihn von den angestellten Bankern und Fondsmanagern und ist eine Gemeinsamkeit mit den Tradern aus der Pit in Chicago. Ansonsten dürften sich die Ähnlichkeiten in Grenzen halten. Daniel erfüllt keines der gängigen Klischees, aber das steht wahrscheinlich auch sinnbildlich dafür, wie sich das Geschäft mit den Zukunftserwartungen – denn um nichts anderes als um die unterschiedlichen Einschätzungen der zukünftigen Entwicklung geht es an den Börsen dieser Welt – verändert hat. Worauf es heute ankommt, weiß mein Gesprächspartner nicht nur aus praktischer Anschauung, sondern auch, weil er sich seit bald zwei Jahrzehnten mit den Märkten und der dahinter liegenden Psychologie beschäftigt.

Zunächst diskutieren wir darüber, was einen Trader eigentlich genau ausmacht. Für Daniel sind Trader diejenigen, die sich nur kurz in Aktien oder anderen Wertpapieren engagieren und versuchen, von den dauernden Schwankungen statt von einer langfristigen Entwicklung zu profitieren. Anstelle von trägen Dividendenaktien oder Investmentfonds nutzen sie alles, was die Börse zu bieten hat, besonders gerne aber in Teilen sehr komplexe Instrumente wie Futures, CFDs oder Zertifikate. Diese Namen kennt man spätestens seit der letzten Finanzkrise, ohne allerdings immer genau verstanden zu haben, um was genau es geht. Ihnen gemein ist in jedem Falle, dass sie oftmals eine weit überdurchschnittliche Hebelwirkung bieten. Geht beispielsweise der DAX um ein Prozent nach oben, kann man mit solch einem Derivat genannten Produkt auch schon einmal fünf, zehn oder gar 100 Prozent daraus machen. Nur dumm, dass in der Phantasie vieler Menschen die ebenso möglichen Verluste kaum eine Rolle spielen. Der Kauf und Verkauf ist dabei relativ einfach, doch das Verständnis für das, was man da kauft oder verkauft, hat man deshalb noch lange nicht.

Daniel ist – auch aus Erfahrung mit Seminarteilnehmern und Kunden, die er früher in der Bank beraten hat – davon überzeugt, dass sich nur die wenigsten Menschen zum Trader eignen. »Man darf die psychologische Komponente bei dem Thema niemals unterschätzen«, meint er. »Denn aus mentaler Sicht ist Trader einer der anspruchsvollsten Jobs überhaupt.« Das ist eine starke Behauptung, die man nicht einfach im Raum stehen lassen kann. Aber Daniel hat dafür durchaus überzeugende Begründungen parat. Zunächst gibt es im Gegensatz zu den meisten »normalen« Jobs keinerlei Schonfrist durch Vorgesetzte oder Kollegen, die einen anlernen, einem über die Schulter schauen und immer einen Teil, oftmals sogar einen Großteil der Verantwortung übernehmen. Als Trader spielt man ab dem ersten Tag zu 100 Prozent auf eigene Rechnung – und zwar nicht etwa gegen gleich starke Gegner, sondern gegen die erfahrensten und besten Köpfe mit der elaboriertesten Infrastruktur sowie den unglaublichsten Rechner- und Recherchekapazitäten weltweit.

Das allein wäre schon Grund genug, den Zahlen der Uni Chicago Gehör zu schenken, die in einer Studie mit 130 000 befragten Tradern herausfand, dass 85 Prozent unter ihnen ihr gesamtes Kapital in gerade einmal sechs Monaten vollständig verlieren. Da stehen die vermeintlich doofen Kopfkissensparer oder Bausparvertragsinhaber definitiv besser da, würde ich sagen. Die Top 500 der Untersuchten schaffen es immerhin auf eine durchschnittliche Rendite von 0,2 Prozent pro Tag, was sich zwar wenig anhört, aufs Jahr gerechnet aber immerhin 50 Prozent Verzinsung auf das eingesetzte Kapital bedeutet. Das ist attraktiv – aber das Verhältnis ist eben auch eindeutig: Auf 260 Probanden kommt einer, der das schafft. Die meisten der anderen 259 stehen tief im Minus. Ganz so einfach scheint das mit dem erfolgreichen Traden tatsächlich nicht zu sein, auch wenn einem die zahlreichen Onlinebroker in ihren Werbefilmchen etwas ganz anderes weismachen wollen.

Das Problem ist damit definiert – was steckt jedoch hinter den riesigen Verlusten, die die meisten Anfänger ansammeln? »Renditekiller Nummer 1 ist die unterschiedliche Wahrnehmung von Gewinnen und Verlusten, der sogenannte Dispositionseffekt«, erklärt Daniel. Damit ist das Phänomen gemeint, dass man Gewinne zu früh mitnimmt und verlustreiche Geschäfte viel zu lange laufen lässt. »Die wenigsten Menschen bringen von Haus aus die nötige Disziplin und Selbstkontrolle mit, die man braucht, um zu vermeiden, dass Gefühle die Kontrolle übernehmen«, sagt er – und hört sich überraschenderweise genau wie Kostolany an, der auch schon feststellte: »Wer sich von seinem Herzen dirigieren lässt, geht geradewegs in seinen Untergang.«

Unkontrollierte Emotionen bewirken dann etwa, dass bei zunehmenden Verlusten die Hoffnung steigt, dass es ja bald zur Trendumkehr kommen müsste. Im schlimmsten Fall kauft man noch nach, um damit den durchschnittlichen Einstiegspreis zu senken und bei einem Steigen der Kurse schneller wieder ins Plus zu kommen. Theoretisch zumindest. Nicht realisierter Verlust ist ja nur Buchverlust, versucht man sich zu beruhigen. Und wenn man erst einmal wieder beim Einstiegspreis ist, ist ja eigentlich nichts passiert. Falscher Stolz gepaart mit Selbstüberschätzung sorgen so dafür, dass die Verluste erst richtig unangenehm werden.

Ich schlucke, erinnere mich mindestens an ein Dutzend Beispiele, bei denen es mir genauso ging – und frage meinen Gesprächspartner dann, was man dagegen eigentlich tun kann. Seine Antwort ist eindeutig: »Man muss ganz klare Regeln haben, schließlich geht es an der Börse ums Geldverdienen, und nicht darum, Recht zu bekommen. Und Geld verdienen kann man nur mit einem Plan, der den Ein- und Ausstieg und die Größe der einzelnen Investments klar und deutlich definiert. Einen schriftlich fixierten Plan, in dem diese Bedingungen klar formuliert werden – und der diszipliniert durchgezogen wird!« Mit einem Trade darf man niemals versuchen, einen vorherigen wieder gutzumachen, meint er. Und er ergänzt: »Man muss die eigene Einstellung vor jedem Trade wieder auf neutral stellen.« – »Wenn das mal so einfach wäre«, denke ich mir. Und Daniel scheint meine Gedanken lesen zu können. Denn auch er weiß, dass das leichter gesagt als getan ist. Er selbst etwa trifft seine Entscheidungen immer vor Handelsbeginn und pflegt diese dann ins Computersystem ein. Und er hat sich eigentlich vorgenommen, zwischendrin keine Entscheidungen mehr zu treffen, hält das aber auch nicht immer durch. Wenn er die Performance von diesen Ad-hoc-Eingriffen am Ende des Tages mit jenen vergleicht, die er morgens in Ruhe getroffen hat, ärgert er sich meistens. »Im Schnitt sind das die mit Abstand schlechteren Entscheidungen«, sagt er.

Überhaupt ist Daniel davon überzeugt, dass die wahre Kunst an der Börse darin besteht, nichts zu tun, wenn es nichts zu tun gibt. Das ist wichtiger als zu handeln, wenn man handeln könnte. »Entgangener Gewinn ist nicht so schlimm wie

Verlust, weil man die Finger nicht still halten konnte«, sagt er. Und ich fühle mich sofort wieder an die Phänomene erinnert, die ich schon beim Poker und bei Sportwetten kennengelernt habe. Wer sich unsicher ist und seine eigene Disziplin testen will, dem kann man empfehlen, Geld auf ein Konto einzuzahlen, sechs Wochen lang jeden Tag das Marktgeschehen zu analysieren – und keinen einzigen Trade zu machen. Jeden wird es in den Fingern jucken, jeder wird Situationen haben, in denen er die Bewegung richtig vorhergesagt hat, ohne zu setzen. Die Wenigsten können so auf ihren Händen sitzen. »Wer es trotzdem schafft, durchzuhalten, hat gute Voraussetzungen, ein guter Trader zu werden«. Davon ist Daniel überzeugt – und ich glaube ihm gerne.

Eine weitere Möglichkeit, schnelle Verluste aus Unwissenheit und Disziplinlosigkeit zu vermeiden, ist folgende: Viele Anbieter, egal ob Vollbanken oder allein auf die Abwicklung des Börsenhandels spezialisierte Broker, haben Testdepots, sogenannte Demo-Konten, in denen man sich eine Zeitlang austoben kann. Dort stehen einem alle Investitionsmöglichkeiten zur Verfügung, mit dem Unterschied, dass man mit Spielgeld anstatt mit dem hart ersparten Erbe der Großeltern handelt. »Das erste Depot schrottet man in der Regel sowieso«, lacht Daniel. »Und dann ist es doch super, wenn es nicht gleich richtig kostet.«

Auf gar keinen Fall sollte man sich verleiten lassen, etwas zu tun, was man noch nicht komplett durchschaut. »Was wieder gar nicht so einfach ist, denn Verlockungen gibt es genug.« Daniels Bemerkung erinnert mich an Sportwetten und an koreanischen Frauenbasketball. Ich nicke daher besonders eifrig. Und lerne, dass dies auch genau der Grund ist, warum Onlinebroker oftmals mit einer schnellen und unkomplizierten Anmeldung werben. Die meisten der potentiellen Kunden sind zunächst einmal Zocker, die glauben, irgendeine besondere Gelegenheit entdeckt zu haben. Oder solche, die sich einfach nur langweilen und den schnellen Kick suchen. Das ähnelt einmal mehr dem, was ich beim Pokern und Wetten kennengelernt habe: Auch dort ist der Anmeldeprozess auf Geschwindigkeit ausgelegt. Man kann sich sogar einen Namen zuweisen lassen, um keine Zeit damit zu verlieren, sich einen ausdenken zu müssen.

Ein weiteres Phänomen, das immer wieder der erhofften Rendite ein fettes Minuszeichen voranstellt, ist das, was als »Psychologie der Massen« bekannt ist. Wenn sich alle auf etwas stürzen, dann stürzt man gerne mit, aus Angst, etwas zu verpassen. Die viel beschriebene Tulpenblase im Holland des 17. Jahrhundert ist das bekannteste Beispiel dafür. Damals stieg der Preis für Tulpen im Verlauf dessen, was heute wohl Hype genannt würde, seinerzeit aber als »Manie« bekannt wurde, in astronomische Höhen – nur um kurze Zeit später radikal abzustürzen. Wer früh dabei war, wurde reich, wer später dazu kam, verlor sein Geld.

Auch die Katastrophe am Neuen Markt rund um die Jahrtausendwende und viele andere kleinere Spekulationsblasen folgten demselben Schema. Man sollte denken, dass die Menschen mit der Zeit klüger werden. Und man neigt dazu, sich über diejenigen lustig zu machen, auf die das nicht zutrifft, frei nach dem Motto: »Das hätte doch ein Blinder gesehen!« Oder wie es Kostolany einmal mehr auf den Punkt gebracht hat: »Wenn alle Spieler auf eine angeblich todsichere Sache spekulieren, geht es fast immer schief.« Mir ist allerdings gar nicht nach Lachen zu Mute, denn das Ergebnis meiner ganz eigenen Tulpenblase dümpelt heute noch irgendwo in meinem Aktiendepot herum. Es heißt SNAP Interactive und macht – ja, was eigentlich?

Wenn ich es richtig in Erinnerung habe, bietet die Firma irgendwas mit Dating-Plattformen auf Facebook an. 2011, als Facebook noch nicht an der Börse war, suchten alle nach Möglichkeiten, irgendwie davon zu profitieren. Und SNAP Interactive wurde in den letzten Wochen des Jahres 2010 und den ersten von 2011 als die optimale Möglichkeit ausgerufen, um dieses Ziel zu erreichen. Der Kurs schoss daraufhin innerhalb weniger Tage um mehr als 1000 Prozent in die Höhe. Ich wollte unbedingt dabei sein und stieg ein, allerdings viel zu spät und zu perversen Preisen, die nichts mit den (kaum vorhandenen) Umsätzen und schon gar nichts mit den (überhaupt nicht vorhandenen) Gewinnen zu tun hatten. Kurz ging es noch bergauf – dann genauso steil bergab. Der Hype war vorbei – und mein Geld war bei denen, die früh genug wieder ausgestiegen waren. Viel war es Gott sei Dank nicht, aber minus 90 Prozent in der Wertentwicklung schmerzen bis heute beim Blick ins Depot. Der einzige Trost dabei ist, dass mir so was in Zukunft eher nicht mehr passieren wird – und dass es von diesem Stand tatsächlich eigentlich nur noch bergauf gehen kann. Der Restwert würde kaum noch für ein nettes Abendessen zu zweit ausreichen. Da kann man den Posten dann beruhigt liegen lassen und auf ein kleines Wunder hoffen.

Ich kann Daniel nur Recht geben, wenn er sagt, dass man auf dem Weg zum erfolgreichen Trader sehr viel über die eigene Person lernt. Manchmal sogar mehr, als man sich vielleicht selbst wünschen würde. Aber wenn man es ernst meint, kommt man um diesen schmerzhaften Erkenntnisprozess nicht herum, oder wie es der amerikanische Autor George Goodman, der amüsanterweise unter dem Pseudonym Adam Smith publizierte, einmal formuliert hat: »Wenn Sie sich selbst nicht kennen, ist die Wall Street ein teurer Ort, um es herauszufinden.«

Es ist kein Zufall, dass ich der Psychologie so viel Platz eingeräumt habe, bevor ich nun noch ein paar Worte zur Methodologie verlieren will. Denn was nutzt einem die Idee, die man nicht umsetzen kann, weil einem der Bauch die ganze Zeit dazwischen funkt? Erst wenn man die Gefühle im Griff hat, lohnt sich der nächste Schritt. Hier gibt es aber auch nicht den einen Königsweg. Es existieren ungefähr so viele unterschiedliche Erfolgsstrategien, wie es erfolgreiche Trader gibt. Jeder Algorithmus der erfolgreichen Investmenthäuser unterscheidet sich im Detail von dem der anderen. Und nicht für jeden Typ Mensch eignet sich die erfolgreiche Strategie des anderen. Rafael Nadal wird auch nicht versuchen, Roger Federer zu imitieren, Angela Merkel wird beim Versuch, rhetorisch wie Gregor Gysi aufzutreten scheitern – und trotzdem ist jeder mit seinem eigenen Stil erfolgreich. Weil sich alle auf ihre jeweiligen Stärken besinnen und auf ihre Art gewisse allgemeingültige Grundregeln einhalten.

Bei der Festlegung der eigenen Herangehensweise geht es oftmals um ganz handwerkliche Fragen. Zunächst gilt es, herauszufinden, welche Zeitebene überhaupt die richtige ist. Will man sich Vollzeit mit der Börse beschäftigen – also mehrere Stunden täglich – kann man sich im Bereich des »Daytradings« bewegen, was nichts anderes heißt, als dass man in der Regel Wertpapiere am selben Tag kauft und wieder verkauft. Ist man aber berufstätig und hat vor, das auch zu bleiben, zumindest bis zu dem Tag, an dem das eigene Konto aus allen Nähten platzt oder man eine andere, dauerhaft sprudelnde Einnahmequelle gefunden hat, bleiben nur »Swing Trading« (mehrere Tage Haltefrist) oder »Positionstrading« (mehrere Wochen bis Monate Haltefrist). Das hat nicht nur damit zu tun, dass man ansonsten natürlich über den Tag beobachten muss, was man auch innerhalb eines Tages verkaufen muss – und mit dem Chef im Rücken wird das eher schwierig –, sondern auch und vor allem damit, dass mit kürzeren Anlagezyklen der Zeitaufwand explodiert. Je schneller man also kauft und verkauft, desto mehr Zeit muss man investieren. Beim Positionstrading reichen wenige Stunden am Wochenende, um eine seriöse Analyse durchzuführen, beim Daytrading hat man es innerhalb kurzer Abstände und immer wieder aufs Neue mit sogenannten Tick-Charts oder Minuten-Charts zu tun, um risikoarme Trading-Gelegenheiten zu finden. »Daytrading ist ein Full-Time-Job«, fasst Daniel zusammen. Und er schiebt nach: »Das ist definitiv nichts für jedermann.«

Trading ist heute eine anspruchsvolle Tätigkeit, die für

einen Anfänger der sicherste und wohl schnellste Weg zum Ruin ist – es sei denn, es wird Zeit in eine Ausbildung investiert. Weil aber die meisten Trader Autodidakten sind, kommt diese oft zu kurz. Damit ist keine Ausbildung mit IHK-Zertifikat gemeint, das interessiert sowieso niemanden, wenn man auf eigene Rechnung unterwegs ist. Aber technische Analyse, Risiko- und Geld-Management, mentales Training, vor allem aber auch die schonungslose Dokumentation und Analyse aller Trades sind noch die grundlegenderen Themen, an denen es sich ohne weiteres ein ganzes Leben lang abarbeiten lässt. Die Entwicklung eigener Modelle und deren Programmierung ist da schon die Kür. Und langsam wird klar: Das macht man nicht mal so nebenbei. Und wenn man meint, nebenbei handeln zu können, darf es einen auch nicht wundern, dass man gegenüber denen, die jahrelang hart gearbeitet haben, auf Dauer das Nachsehen hat.

Auch der hoch professionell agierende Trader muss sich allerdings – und auch das ist eine Analogie zum Poker und den Sportwetten – damit abfinden, dass er nicht immer gewinnen kann. Selbst wenn sich ein Muster noch so deutlich abzeichnet: Die daraus gezogene Schlussfolgerung wird nie in 100 Prozent der Fälle stimmen. Um einen positiven Erwartungswert zu haben, also im Plus zu sein, reicht es aus, in mehr Fällen richtig als falsch zu liegen oder aber ein positives Verhältnis zwischen durchschnittlichem Gewinn und durchschnittlichem Verlust zu erreichen. Langfristig steht man dann auf der richtigen Seite, muss aber die Nerven behalten, auch wenn einmal fünf, zehn oder gar 20 Trades hintereinander schiefgehen. Denn das ist statistisch durchaus im Rahmen der Möglichkeiten und sollte vor diesem Hintergrund auch in einem durchdachten Risikomanagement mit berücksichtigt werden.

Die Basis muss dabei sein, dass der Anteil zur Verfügung stehenden Geldes pro Trade nicht zu hoch wird. Wer jedes Mal zehn Prozent seines Startkapitals in einen Trade packt, ist nach zehn Fehlschlägen in Folge pleite – und kommt gar nicht mehr in die Verlegenheit, mit den nächsten tausend Transaktionen deutlich ins Plus zu kommen. Wer dann auch noch den in einschlägigen Foren kursierenden Tipps glaubt, die empfehlen, nach einem Fehlschlag bei jedem kommenden Trade das Risiko zu erhöhen, um schnell wieder auf null zu kommen, der beschleunigt diesen Prozess sogar noch.

Man sollte sich bewusst machen: Hat man erst einmal 50 Prozent verloren, muss man danach 100 Prozent gewinnen, um wieder an den Ausgangspunkt zu kommen. Oder um es am Beispiel meiner SNAP-Interactive-Depotleiche zu veranschaulichen: Um die 90 Prozent Verlust wieder wettzumachen, müsste die Aktie in der Zukunft eine Performance von 900 Prozent schaffen. An diesem Beispiel dürfte noch einmal drastisch deutlich werden: Es lohnt sich, alles zu tun, um keine größeren Teile seines Tradingkapitals zu verlieren, bevor man über Vermögenssteigerungen nachdenkt.

Dazu kommt als zweite maßgebliche Säule das, was man im Volksmund »nicht alle Eier in einen Korb legen« nennt. An der Börse trägt es den wohlklingenden Namen »Diversifikation«. Wer immer nur einen kleinen Teil seines Kapitals einsetzt und die Aktivitäten über verschiedene Branchen oder zumindest Unternehmen, Instrumente, Regionen, möglicherweise auch Anlagehorizonte streut, hat natürlich nicht die Chance auf den einen Ausschlag nach oben, der ihm sein Kapital verdoppelt. Aber er hat ziemlich lange Kapital, mit dem er sich diesem Ziel Stück für Stück nähern kann.

Natürlich stellt man sich vermutlich nicht erst seit Beginn dieses Kapitels die Frage, womit es sich überhaupt zu traden lohnt und nach welcher Methodik man vorgehen soll. Nun, wenn das so einfach wäre, wäre das Buch vermutlich etwas teurer. Denn den Algorithmus, der jeden schnell reich macht, dürfte man sich ja durchaus etwas kosten lassen. Die Antwort ist daher ein ganz klares »Es kommt ganz drauf an«. Daniel etwa schwört auf rein technische Analysewerkzeuge, Nachrichten nennt er in Bezug auf die Börse »wertloses Entertainment«. Er handelt auf Basis der Annahme, dass sich Märkte in Trends bewegen, daher alle Informationen bereits im Kurs enthalten sind und die Entwicklung der Vergangenheit sich »reimt« oder wiederholt. Diesen Ansatz begründet er mit den emotionalen Verhaltensmustern der Marktteilnehmer, die in der Zukunft nicht grundsätzlich anders sein werden als in der Vergangenheit. Denn einzelne Menschen mögen sich ändern können, ein ganzer Markt allerdings nicht.

Bilden sich also gewisse Mustersituationen, weiß Daniel automatisch, was zu tun ist, ohne dass er sich Gedanken darüber macht, wie sich die Konjunktur in nächster Zeit entwickeln wird, welche Auswirkung das Wetter auf die Ernten in Amerika oder die Zinspolitik der EZB auf die Bauindustrie in Deutschland hat. Kurzum: Statistik schlägt Bauchgefühl. Und wenn man etwas darüber nachdenkt, kann man dieses Denken durchaus nachvollziehen. Wenn selbst hoch bezahlte Analysten und Wirtschaftsprofessoren zu fast jedem erdenklichen Thema alle denkbaren, teils komplett gegenteilige Meinungen vertreten, dann spricht das für eine kaum mehr handhabbare Komplexität. Und wie soll man gerade als Privatperson die großen Zusammenhänge immer richtig einschätzen, wenn selbst riesige Forschungsabteilungen kaum dazu in der Lage sind?

Das Problem liegt einmal mehr in der Psychologie des Menschen begründet. »Wir wollen einfach daran glauben, dass wir die Kontrolle über unser Umfeld und unser Handeln haben«, sagt Daniel überzeugt. »Daher wollen auch viele Trader und Analysten mit Gewalt die zukünftige Kursentwicklung vorhersagen, statt einfach dem Markt zu folgen und sich bei Bedarf schnell anzupassen.« Er richtet sich nur nach fundamentalen Ereignissen, wenn diese vorhersehbar für Unsicherheit sorgen, wie etwa die US-Arbeitsmarktzahlen. Das ist jeden ersten Freitag im Monat um 14:30 Uhr der Fall. Dann kann man die Finger vom Computer lassen, was viele Profis auch tun und statt zu zocken lieber ins Wochenende verschwinden.

Die beste Zeit für Analyse ist übrigens sowieso dann, wenn der Markt geschlossen ist, weil man sich dann nicht so leicht von aktuellen Bewegungen oder Meldungen beeinflussen lässt. Je weniger man sich von externen Impulsen – Gerüchten, Vermutungen, Meinungen – ablenken lässt, desto besser. Die technische Analyse ist gekoppelt an lange statistische Zeitreihen – ein Blick in die Marktpsychologie der Vergangenheit – in der Hoffnung, darin sich wiederholende Muster zu erkennen. Findet man etwas, was sonst keiner erkannt hat, ist man möglicherweise auf eine Goldgrube gestoßen. Allerdings muss auch das dann nicht für die Ewigkeit gelten. Sicherheit gibt es weder im richtigen Leben noch an der Börse. Beispiele wie das des Hedgefonds LTCM sind ein guter Beweis dafür. Der wurde nämlich gleich von mehreren Nobelpreisträgern auf Basis ausgeklügelter Modelle lange Zeit erfolgreich geführt. Um dann spektakulär pleite zu gehen.

Bevor der Trader überhaupt erst in die Nähe des Geldverdienens kommt, muss er investieren. Und zwar nicht in virtuelle Aktien oder Zertifikate, sondern in die Zugangsvoraussetzungen, um diese überhaupt analysieren und handeln zu können. In der Regel sollte ein normaler Computer mit einem normalen Internetanschluss genügen. Wenn man allerdings auf Tick- oder Sekundenbasis handeln will, muss man ordentlich Geld für schnelles Internet, einen schnellen Rechner und eine zweite Leitung ausgeben, um nicht plötzlich handlungsunfähig zu sein. Da sind dann locker ein paar tausend Euro weg, bevor man überhaupt angefangen hat.

Auch für Analysetools muss man durchaus etwas ausgeben, je nachdem, wie umfangreich sie sein sollen. Mit einem Hunderter im Monat muss man schon rechnen, es können aber auch ein paar davon werden. Das eine oder andere Buch, Seminar oder Webinar ist vermutlich auch sinnvoll. Ansonsten halten sich die Kosten allerdings in Grenzen. Die meisten Kurse bekommt man heutzutage umsonst von seinem Broker gestellt, was auch nicht immer der Fall war. Aber natürlich haben Broker auch ein Interesse daran, dass man möglichst viel handelt und wollen es einem so einfach wie möglich machen. Denn es gilt: Ob ein Trade am Schluss gut oder schlecht war – die Bank gewinnt allemal. Dasselbe gilt übrigens für die zahlreich beworbenen Börsenbriefe. Wer langfristig investiert, kann sich vielleicht davon inspirieren lassen. Und selbst das würde wohl kaum ein Kenner empfehlen. Als Trader sollte man davon von Anfang an die Finger lassen. Der Einzige der sonst daran verdient, ist der Verleger.

Wenn es dann endlich losgeht, sollte man sich nicht auf irgendwelche komplizierten Produkte einlassen, die man nicht versteht. Auf jeden Fall sollte man sich auch nur auf hochliquiden Märkten bewegen, bei denen einzelne Marktteilnehmer das Marktgeschehen nicht so einfach manipulieren können – denn dann hilft auch die beste Analyse nichts mehr, sondern höchstens noch Glück. Dazu ist es wichtig, den gesamten Prozess im Blick zu haben, nicht nur den richtigen Zeitpunkt oder Kurs für den Einstieg. Dazu wird man zwar gerne verleitet – Banken empfehlen beispielsweise fast nie ein »Sell« und auch in Börsenbüchern beschäftigt man sich deutlich intensiver mit dem Einstieg als mit dem Ausstieg. Letzterer ist allerdings sogar wichtiger für den Erfolg.

Es ist nicht nötig, zum niedrigsten Kurs ein- und zum höchsten wieder auszusteigen, wie schon der berühmte Banker Amschel Meyer Rothschild bemerkte. Im Gegenteil, er bezeichnete diese Glücksritter sogar als »Dummköpfe«. Und wahrscheinlich hatte er Recht, denn auch heute handeln Profis nur selten direkt zur täglichen Eröffnung, sondern beobachten erst, ob ihre Hypothesen zu taugen scheinen und steigen dann in Ruhe ein. Wer das mittlere Stück einer Bewegung mitnimmt und damit zufrieden ist, dürfte auf Dauer nicht nur erfolgreicher, sondern auch glücklicher sein.

Die meiste Zeit verbringt der Profi übrigens mit der Erstellung, dem Testen und der Optimierung seiner Strategien. Zehn Stunden am Tag beschäftigt sich etwa Daniel im Schnitt mit der Börse. Die Marktanalyse macht davon vielleicht zwischen einer halben und einer Stunde aus, die Platzierung der Orders höchstens ein paar Minuten. Das sorgt natürlich für ein profundes Wissen, gekoppelt mit einem großen statistischen Erfahrungsschatz. So gilt etwa für Montag, dass viel »dummes Geld« im Markt ist, also Geld, dessen (Noch-)Eigentümer sich nicht wirklich auskennen und nur am Wochenende von Langeweile getrieben zu zocken beginnen. Weiß man das zu lesen, kann man schnelles Geld machen. Etwa indem man am Montag für den Dienstag auf den »Reversal«, also die zumindest teilweise Relativierung des Ergebnisses vom Vortag spekuliert.

Was ihn vom dauernd zittrigen, nervösen Zocker unterscheidet, frage ich Daniel. »Dass ich ganz in Ruhe den Sportteil der Zeitung lese und das Leben genieße, während er die ganze Zeit auf sein Handy starrt«, lacht er. Und wieder hat man das Gefühl, dass den Trader doch mehr mit dem alten Kostolany verbindet, als man denken würde. Während des mehrstündigen Gesprächs in einem Café hat Daniel jedenfalls nicht ein einziges Mal die Kurse gecheckt. Gewonnen hat er in der Zwischenzeit trotzdem. Schon wieder – wie ich über die Zeit erfahren werde, weil er mich einige Wochen an seinen Prognosen teilhaben lässt und tatsächlich in den allermeisten Fällen richtig liegt. Ein guter Tag für ihn also. Ich nehme mir vor, mich mit dem Thema in Zukunft intensiver zu beschäftigen, habe aber auch verstanden: Über Nacht geht es wohl nicht. Daher bleibe ich am Ball, weiter auf der Suche nach dem schnellen Geld.

# Fazit

- Um an der Börse erfolgreich zu sein, gilt wie beim Pokern oder bei Sportwetten auch: Kopf schlägt Bauch.
- Erfolgversprechend sind vor allem Ansätze, bei denen man nicht mit leichten Waffen in ein Gefecht mit den Großen der Branche zieht.
- Wichtig ist, auch zu wissen, wann man nicht handeln sollte. Auf die richtigen Konstellationen mit einem positiven Chance-Risiko-Profil warten zu können, ist der erste Schritt zum Erfolg.
- Ohne das nötige Handwerkszeug ist die Börse ein sicheres Minusgeschäft. Wer dauerhaft erfolgreich sein will, kommt nicht drum herum, sich mit technischer Analyse intensiv auseinanderzusetzen.

# Menschenfänger –
# Im Dialog
# zum Erfolg

*Der Weg zum Erfolg wäre kürzer,*
*wenn es unterwegs nicht so viele*
*reizvolle Aufenthalte gäbe.*
**Sacha Guitry**

Man kann sich also eine Risikoprämie dafür zahlen lassen, dass man seinen Kopf riskiert – und damit gutes Geld verdienen. Oder man setzt auf das Glück und versucht dieses ein wenig zu zwingen. Oder aber man legt sich Handwerkszeug zu, mit dem man anderen überlegen ist und nähert sich so dem großen Geld. Aber Moment, da fehlt doch noch etwas. Gibt es da nicht noch eine ganz besondere Spezies Mensch, von der keiner so genau weiß, was sie eigentlich genau ausmacht, die es aber ohne Problem schafft, einem Eskimo einen Kühlschrank – oder am besten gleich mehrere – zu verkaufen und damit richtig Geld zu machen? Richtig, man kann sich auch besondere Marktgegebenheiten zunutze machen, sich eine Nische suchen – und dort seine menschlichen, seine kommunikativen Fähigkeiten ausspielen.

Keine Frage, daran ist nichts Verwerfliches. Es muss ja nicht jeder ein verrückter Erfinder oder Unternehmensgründer sein, der bereit ist, für eine wilde Idee das Erbe der Oma zu riskieren und Jahre lang nur von Reis mit Tomatensoße und Leitungswasser zu leben, während er in der Garage an einem Prototypen arbeitet oder im Dachkämmerlein an einem Algorithmus tüftelt. Es soll ja tatsächlich auch Menschen geben, die nicht den ganzen Tag für sich alleine sein wollen, sondern den Kontakt mit anderen Menschen suchen und dafür auch noch ein richtig gutes Händchen haben. Das ist eine Gabe, die man sich schon gut bezahlen lassen kann, wenn man sich im Vertrieb eines Industrie- oder Konsumgüterherstellers anstellen lässt. Aber was kann man daraus machen, wenn man auf eigene Rechnung wirtschaftet?

Keine Frage: Wer die Wünsche anderer Menschen erfolgreich erkennt und bedient, kann diese für sich in klingende Münze verwandeln. Immobilienmakler scheinen dieses Prinzip besonders gut erkannt zu haben, vermitteln sie doch etwas, was jeder braucht und oftmals auch noch mit Sehnsüchten verbindet. Macht man also als Makler vor allem Menschen glücklich – und verdient daran auch noch richtig gut? Oder geht es in der Szene doch nur darum, skrupellos und mit möglichst wenig Arbeit Mitbürgern das Geld aus der Tasche zu ziehen, wie es das schlechte Image der Branche vermuten lässt? Ein wenig Recherche bringt Licht ins Dunkel.

Was ist die beste Form, schnell richtig viel Geld zu verdienen? Am besten indem man etwas tut, was einem besonders viel Spaß macht – und wobei man ganz nebenbei auch noch von vielen Menschen bewundert und umschwärmt wird. Ein paar Beispiele fallen einem da sofort ein: Popstars etwa. Oder Profifußballer. Oder junge Menschen, die Videos im Internet posten. Wie bitte? Das soll funktionieren? Wirklich? Ja, wirklich, wie im Folgenden genauer beleuchtet wird.

Ein weiteres Beispiel, das sich hier einreihen kann, hat nichts mit moderner Technik zu tun, sondern ist schon seit Jahrhunderten aktuell und sorgte bei vielen Generationen für Sehnsüchte, machte viele glücklich und manche unglücklich: die Auswanderung. Manche verlassen ihre Heimat, weil sie lebensfeindlich ist, weil sie verfolgt und unterdrückt werden, einzig mit dem Ziel, irgendwo ein normales Leben führen zu können. Andere wiederum suchen den Weg in ferne Länder mit einem ganz klaren Ziel: Sie suchen nach großem Erfolg und ganz viel Geld. Viele große Namen haben es auf diesem Weg geschafft, Levi Strauss etwa, oder Arnold Schwarzenegger, der in seiner neuen Heimat sogar zum Gouverneur gewählt wurde. Diese Persönlichkeiten waren bereit, an einem anderen Ort neu anzufangen, sich in eine neue Kultur einzufinden. Sie wussten, dass es nur mit den Menschen dort geht, nicht aber gegen sie. Aber ist das heute auch noch möglich? Ich habe mich für eine Antwort auf diese Frage auf den Weg nach Thailand gemacht, einem der Hauptziele deutscher Auswanderer. Und ich bin fündig geworden.

# 10
## Vermieten. Verkaufen. Vermakeln.

*Geld allein macht nicht glücklich.*
*Es gehören auch noch Aktien,*
*Gold und Grundstücke dazu.*
**Danny Kaye**

Immobilien, das ist doch auch so ein Thema, in dem richtig
Geld steckt, oder? Seitdem ich 2008 nach Hamburg gezogen
bin, sind die Preise dort explodiert. In manchen Gegenden
haben sie sich seitdem mehr als verdoppelt, und wer damals
gekauft oder irgendwann mal geerbt hat, durfte in den letzten
Jahren jeden Tag eine Flasche Schampus köpfen – die er sich
ja plötzlich auch leisten konnte. Da muss doch etwas machbar
sein. Je länger ich dazu recherchiere, desto mehr dunkle Wolken ziehen allerdings am Himmel auf. Von einem überhitzten
Immobilienmarkt ist da die Rede, von einer Abkopplung der
Mieten von den Kaufpreisen. Dazu habe ich noch die Horror-
geschichten geschlossener Immobilienfonds im Kopf, die ihre
Kunden viel Geld gekostet haben. Schnelles Geld gab es da
eher nicht zu holen, außer man meinte damit, dass das Geld
ganz besonders schnell weg war.

Um etwas Licht ins Dunkel zu bringen, verabrede ich mich
mit einigen Experten zum Thema. Der erste ist Alexander
W. F. Quooß, der seit vielen Jahren mit seiner Firma AMS
Vermögensaufbau als Immobilienhändler am Markt tätig ist
und mit seinen Kunden Anlagemodelle entwickelt. Wir sind

zum Mittagessen verabredet, die Sonne brennt, das Essen ist köstlich. Quooß zeigt mir nebenbei eine Präsentation, in der erklärt wird, wie man mit Immobilien die Rentenlücke, die vielen von uns droht, schließen kann, um damit ein Alter in Wohlstand sicherzustellen. Indes: Ich bin Mitte 30, und ich will wirklich nicht bis zum Renteneintritt warten, um es mir gutgehen zu lassen. Quooß zieht mir diesen Zahn mit einem Lächeln: »Wenn es Ihnen nur um schnelles Geld geht, sind Sie im Immobiliensektor falsch. Was ich Ihnen anbieten kann, sind eine attraktive langfristige Rendite, Wohnungen, die sich über die Miete selbst finanzieren und ein Rundum-sorglos-Paket«, sagt er. Und ich weiß, dass das eigentlich eine ganze Menge ist. Aber eben nicht das, wonach ich in diesem Projekt suche. Immobilien zu kaufen fällt also erst einmal aus. Das mache ich dann, wenn ich meine Suche nach dem schnellen Geld erfolgreich abgeschlossen habe. Aber gibt es nicht doch die Möglichkeit, das schnelle Geld mit Immobilien zu machen? Das soll mir mein nächster Kontakt beantworten.

Es war ein Erlebnis, das man nicht allzu oft hat. Manchen Menschen passiert es nur einmal im Leben. Viele kommen nie in den Genuss. Ralf Oberänder erinnert sich daher noch ganz genau daran, wie es war, an nur einem Tag drei Häuser nacheinander zu verkaufen und sich zu fühlen, als läge ihm die Welt zu Füßen. Er machte in wenigen Stunden das Geld, das viele seiner Kollegen höchstens in einem Jahr machen. Auch wenn er nach wie vor bescheiden lebt, war an jenem Tag klar, dass er sich etwas ganz Besonderes gönnen musste. Und so kaufte er sich mit gerade einmal 30 Jahren die Harley-Davidson, von der er zuvor nur träumen konnte. Und von der er hoffte, sie sich vielleicht mit 50 einmal leisten zu können.

Ralf Oberänder ist Immobilienmakler – und damit Teil einer der wenigen Berufsgruppen, die es im Kampf um den letzten Platz in allen Beliebtheitsrankings sogar mit Politikern aufnehmen können. Kaum jemand, der in Großstädten wie München, Frankfurt oder Hamburg einmal nach einer Mietwohnung gesucht hat, kann nicht von unangenehmen Begegnungen mit Maklern berichten – oder hat zumindest von solchen gehört. So hört man, dass Immobilienmakler sich nicht mit den Objekten auskennen, weil sie wissen, dass sowieso jemand zuschlagen wird, bei den Schlangen, die im Treppenhaus zur Besichtigung warten. Einmal Exposé schreiben, einmal den Azubi zum Wohnung aufschließen schicken, und schon hat man ein paar tausend Euro an Courtage eingestrichen. Immer wieder sollen Makler außerdem zusätzlich die Hand aufhalten: Wer nicht ein paar Hunderter mit seinem Bewerbungsbogen abgibt, kann sich die Wohnung gleich abschminken. In letzter Zeit häufen sich zudem die Berichte, dass einzelne Vertreter weiblichen Wohnungssuchenden den Zuschlag gegen sexuelle Gefälligkeiten angeboten haben. Sind Makler also ausnahmslos skrupellose Gestalten? Und wird man als Makler tatsächlich ganz schnell ganz reich, mit ein paar Stunden Arbeit in der Woche und das auch noch ohne dass irgendeine Ausbildung notwendig wäre?

Die Geschichte von Ralf Oberänder sorgt für ein besseres Verständnis. Er ist inzwischen Lizenzpartner der renommierten Maklerfirma Engel & Völkers für den Raum Halle/Leipzig mit knapp 20 Mitarbeitern. Angefangen hat er allerdings ganz unten, als freiberuflicher Makler ohne festes Einkommen. »Ich habe eigentlich so eine typische ›Vom Tellerwäscher zum Millionär‹-Geschichte zu erzählen«, lacht er, als wir an einem späten Abend endlich zum Telefonieren kommen. »Nur dass ich leider noch nicht Millionär bin.« Gut verdienen tut er aber doch, und zwar viel mehr, als er sich früher vorgestellt hätte. Dabei war Immobilienmakler nie sein Traumjob, ganz im Gegenteil. »Ich kam dazu wie die berühmte Jungfrau zum Kinde«, erinnert er sich. Als Magisterabsolvent eines Politik-, BWL- und Geschichtsstudiums fand er sich nach dem Studium in einer Dauerschleife aus gar nicht bis schlecht bezahlten Praktika und freiberuflichen Jobs beim Radio, beim Fernsehen und in einer Werbeagentur wieder. Als es nach einiger Zeit nicht besser wurde, ließ er in seiner Verzweiflung einem Kumpel gegenüber den Satz fallen, dass er im Notfall sogar bereit wäre, Häuser zu verkaufen. Der nahm ihn beim Wort und stellte einen Kontakt zu Engel & Völkers her.

Oberänder packte die Chance beim Schopfe, hatte wenige Wochen später das erste Objekt akquiriert – also einen offiziellen Auftrag, einen Käufer für dieses zu suchen – und selbiges nur wenige Wochen später verkauft. Die 7000 Euro, die er damit verdient hat, öffneten ihm die Augen. »Zuvor hatte ich gerade mal 1500 Euro auf dem Konto, meine Freundin musste die Einrichtung der gemeinsamen Wohnung vorfinanzieren«, erinnert er sich. »Plötzlich hatte ich den Schlüssel in der Hand, um viel Geld zu verdienen – und es machte mir auch noch richtig Spaß!«

Der aus Thüringen stammende Oberänder ist damit tatsächlich der Beweis dafür, dass man keine Ausbildung zum Architekten, Gutachter oder Immobilienfachwirt braucht, um als Makler erfolgreich zu sein. Die paar Semester Bauingenieurwesen, die er als Student einmal belegt hatte, helfen ihm zwar in der täglichen Arbeit, wären aber nicht unbedingt notwendig gewesen. Damit erfüllt er auf den ersten Blick das Klischee des Maklers, das in der Öffentlichkeit vorherrscht. Schaut man allerdings etwas genauer hin, beginnt dieser Eindruck sehr schnell zu bröckeln. »Für mich ist Makler ein Job mit Suchtpotential«, sagt er. »Denn hier weiß ich genau: Je mehr Einsatz, Emotion und Zeit ich hineingebe, desto mehr kommt am Ende dabei für mich heraus.« Nach einem lockeren Lotterleben hört sich das nicht an. Und wenn ich nur überlege, wie schwierig es war, Ralf Oberänder ans Telefon zu kriegen, beginne ich zu begreifen, dass der Mann richtig hart arbeitet. »60 bis 70 Stunden kommen in der Regel zusammen«, überschlägt er. Und davon machen Besichtigungen nur den allerkleinsten Teil, vielleicht zehn bis 20 Prozent der gesamten Zeit aus. Als Außenstehender kann man sich das gar nicht vorstellen, auch weil in Fernsehsendungen wie *Mieten. Kaufen. Wohnen.* die Makler die meiste Zeit damit beschäftigt scheinen, Champagner zu trinken, Witze zu reißen und zu flirten – und noch dazu immer mit bester Mallorcabräune auflaufen. Die Realität sieht aber nicht nur laut Ralf Oberänder anders aus.

Man müsse viel recherchieren und aufbereiten, um den Markt zu verstehen, skizziert er den Rest des Tages. »Und vor allem: telefonieren! Meine Frau verdreht dann auch schon mal die Augen, wenn am Samstagabend im Restaurant das Telefon klingelt oder selbst im Vietnam-Urlaub Angebote besprochen werden«, beschreibt Oberänder die Belastungen, die der Beruf eben auch mit sich bringt. »Es ist tatsächlich ein Knochenjob, bei dem man eine Menge Klinken putzen muss, um erfolgreich zu sein«, sagt er. Und damit richtig umzugehen schafft man nur, wenn man diszipliniert vorgeht. So hat er sich eine Kartei angelegt, in der zu jedem Kunden die Gespräche und deren Themen hinterlegt sind, ebenso wie der Zeitpunkt, an dem er den Kontakt wieder aufnehmen muss, um am Ball zu bleiben. Ralf Oberänders Ziel war von Anfang an, keinen der gewonnenen Kontakte wieder zu verlieren. »Wenn alles geklappt hätte, was ich in den letzten Jahren angestoßen habe, dann säße ich heute wohl auf meiner eigenen Insel«, lacht er. Um dann zu ergänzen, dass man 80 Prozent der Zeit für den Mülleimer arbeite. »Aber das sehen natürlich die meisten Menschen nicht, wenn sie sich ihr Bild von Maklern machen.«

Der Immobilienmakler würde dabei nie bestreiten, dass es auch reichlich unseriöse Vertreter seiner Profession gibt. »Aber in welchem Business gibt es so etwas nicht?«, fragt er. Es seien immer wieder dieselben, in der Branche bekannten Namen, die man im Zusammenhang mit unsauberen Methoden oder gar Betrug höre, aber die strahlten auch auf die anderen aus. Auf Dauer könnten diese schwarzen Schafe aber nicht erfolgreich sein, weil das Maklerbusiness vor allem auch ein Netzwerk- und Empfehlungsbusiness ist. Ralf Oberänder setzt ohnehin auf langfristige Geschäftsbeziehungen, weil er sich auf Anlageimmobilien spezialisiert hat, die ohne die Absicht gekauft werden, direkt selbst einzuziehen. Seine Kunden kaufen in der Regel mehr als einmal – wenn sie sich ordentlich beraten und behandelt fühlen.

Mich interessiert, ob er jemandem, der schnell gutes Geld verdienen will, einen Einstieg als Makler empfehlen würde. Oberänders Antwort ist eindeutig: »Auf jeden Fall – wenn man gewisse Bedingungen erfüllt.« Man müsse damit umgehen können, deutlich öfter ein Nein als ein Ja zu hören – eine Voraussetzung, die bei weitem nicht jeder erfüllt. Außerdem müsse man ein kommunikatives Talent mitbringen, die Fähigkeit, auf Leute zuzugehen und mit ihnen eine Beziehung aufzubauen. »Da hat mir am Ende tatsächlich geholfen, dass ich als Student für den MDR schlecht bezahlt in den Fußgängerzonen herumgesprungen bin, um Statements von Menschen einzufangen«, resümiert er, um direkt zu warnen: »Man sollte diese Fähigkeit allerdings nicht mit Geschwätzigkeit verwechseln!«

Aus seiner Sicht gibt es – neben den Betrügern – noch zwei weitere Persönlichkeitsgruppen, die als Makler ihren Beruf verfehlt haben. Er nennt sie die »Ankündigungsmakler« und die »Glücksmakler«. Erstere beschreibt er als Menschen, die sich mit ihren Versprechungen zu weit aus dem Fenster lehnen, ohne in der Lage zu sein, sauber und seriös zu arbeiten. »So gelingt es kaum, einen Deal unter Dach und Fach zu bringen.« Und die anderen kommen gar nicht in die Verlegenheit, weil sie die ganze Zeit im Büro vor dem Telefon darauf warten, dass vielleicht doch einmal jemand anruft. Meistens verschwinden diese Typen schnell wieder vom Markt, »aber warum soll man sich das überhaupt antun, wenn man eigentlich weiß, dass man nicht der Typ für den Job ist?«

Fragt man ihn, was es außerdem braucht, um auf Dauer als Makler bestehen zu können, kommt er mit einem Begriff um die Ecke, den ich lange nicht gehört habe, der es aber vermutlich auf den Punkt beschreibt: »Eine Krämerseele!« Ob man die habe, kann man seiner Meinung nach schon im täglichen Umgang mit Menschen herausfinden. »Wer es noch nicht einmal schafft, in einem Geschäft nach einem Rabatt zu fragen, der braucht es als Makler gar nicht erst versuchen.« Damit bin ich eigentlich raus, denn ich bin weder besonders gut im Feilschen, noch mag ich es, den ganzen Tag am Telefon zu hängen und Kaltakquise zu betreiben. Trotzdem höre ich Oberänder weiterhin gespannt zu.

Man dürfe nie satt werden, sonst werde man von den neuen, ambitionierten Konkurrenten gefressen, sagt er noch. Wichtig sei auch, sich von Anfang an nicht von »Zeitdieben« und »Besichtigungstouristen« ablenken zu lassen, die – aus Langeweile? Weil sie mitreden wollen? Weil sie nicht genau genug lesen? – dauernd Objekte besichtigen wollen, obwohl man ihnen anmerken kann, dass sie gar kein echtes Interesse haben. Man muss als Makler also nicht nur ein Nein vertragen, sondern auch Nein sagen können.

Insgesamt hilft es, wenn man eine ordentliche Belastbarkeit und Ausdauer mitbringt. Wochenendarbeit, das Verschieben von Ferien, darum kommt man kaum herum, wenn man es zu etwas bringen will. Ralf Oberänder hat auch dafür ein passendes Beispiel parat. Nachdem er einen Kunden ein Jahr lang ohne Erfolg betreut hatte, ergab sich am Freitag vor einem geplanten Kurzurlaub eine Besichtigung. Ein ausländischer Interessent wollte die Immobilie tatsächlich kaufen, dessen Flug ging aber am darauffolgenden Montag. Für Oberänder hieß das: Urlaub absagen und das Wochenende durcharbeiten, um die Kaufabwicklung inklusive notarieller Beglaubigung anstatt in den üblichen vier Wochen in drei Tagen zu ermöglichen. Immerhin waren die damit verdienten 20 000 Euro eine gute Entschädigung dafür.

Aber natürlich läuft es nicht immer so gut. Und auch darauf sollte man sich vorbereiten – finanziell, vor allem aber auch psychisch. »Nach der Lehman-Pleite habe ich neun Monate nur Nein gehört«, erinnert sich Ralf Oberänder an seine schwerste Zeit als Makler. »Alle haben mir damals gesagt, dass ich mir was anderes suchen soll, weil es nichts mehr würde mit dem Business.« Er war sich allerdings sicher, dass er auch in schwierigsten Zeiten immer noch erfolgreich genug sein kann, um über die Runden zu kommen, »auch wenn mein Gehalt natürlich erst einmal abgestürzt ist.« Seit dieser Zeit weiß er: Von Marktschwankungen darf man sich nicht irre machen lassen. »Es gibt drei Dinge, die brauchen die Menschen immer: Essen, Sex und ein Dach über dem Kopf.« Und daran ändern auch Wirtschaftsflauten oder neue gesetzliche Regelungen auf Dauer nichts. Man muss nur die Luft haben, lange genug durchzuhalten.

Neueinsteigern rät Oberänder, sich unter das Dach eines guten, etablierten Namens zu begeben, weil es den Einstieg erleichtere. Zwar bekäme man dann nur einen Teil der Provision. Doch sei es besser, die Provision zu teilen, als gar keine Verträge abzuschließen. »Die Hälfte von Null ist halt immer noch Null«, bringt er es humorlos auf den Punkt. Außerdem solle man sich gut überlegen, in welchem Bereich man sich bewegen wolle. Oberänder etwa ist glücklich im Bereich Anlageimmobilien, also Immobilien, die von den Käufern nicht selbst bezogen werden, sondern als Investition erworben werden. Dort geht es zwar härter zu, weil sich alles um Zahlen und Fakten dreht. Aber damit kam er immer schon ganz gut klar.

Volker Beisel dagegen, ausgebildeter Immobilienkaufmann und Makler in Mannheim, ist in einem Bereich tätig, in dem Menschen Immobilien zur eigenen Nutzung suchen, egal ob nun zur Miete oder zum Kauf. »Vermietungen zu vermitteln ist für einen Makler tatsächlich das schnelle Geld, nur ist es eben auch relativ wenig. Die Vermittlung von Kaufimmobilien bringt natürlich deutlich mehr Geld, aber dafür dauert es länger und kommt seltener vor«, erklärt er. Und fügt lachend an: »Am besten wäre eine Kombination aus beidem: Kaufabschlüsse im Rhythmus von Mietverträgen.« Auch Beisel bestätigt übrigens, was Ralf Oberänder angedeutet hat: »Wenn es um Immobilien geht, die die Interessenten selbst beziehen wollen, wird es ganz schnell emotional. Man kann die Immobilie dreimal mit dem

Mann besichtigt haben und ist sich fast schon handelseinig. Aber dann kommt die Frau ins Spiel und hat irgendetwas auszusetzen und das Geschäft ist in fünf Minuten geplatzt«, berichtet er.

Der Job als Makler ist eben ein Abenteuer, bei dem man nie weiß, was als nächstes passiert. Wer damit umgehen kann, der ist für unterschiedliche Marktlagen und Kundenwünsche gewappnet – egal ob die Schwierigkeit darin besteht, Käufer zu finden, oder, wie derzeit in den Großstädten, überhaupt Immobilien zum Verkauf zu finden. Auf jeden Fall, und da sind sich Beisel und Oberänder einig, müsse man immer souverän und seriös bleiben, selbst wenn es gerade nicht läuft. Der Kunde merke immer, wenn man unter Druck stehe. Wenn man aber zurückhaltend, ehrlich und authentisch bleibe und sehr hart arbeite, könne man nicht nur erfolgreich sein, sondern auch etwas gegen den schlechten Ruf der Branche tun. Vielleicht schafft man es ja doch, sich in der öffentlichen Wahrnehmung von den Politikern und Versicherungsvertretern wieder ein wenig abzusetzen.

Wie schon gesagt: Als Makler tauge ich wohl nicht. Aber das muss ja nicht für alle gelten. Ich möchte außerdem geliebt werden, zumindest ein wenig. Nur wohlhabend, das habe ich gemerkt, reicht mir eben auch nicht. Aber ich habe da noch ein paar Ideen. Auf geht es also.

# Fazit

- Um als Immobilienmakler erfolgreich zu sein, braucht es Eigeninitiative, Frusttoleranz, eine Krämerseele und Kommunikationsfähigkeit.
- Das öffentliche Image der Immobilienmakler führt in die Irre: Besichtigungen machen nur den kleinsten Teil des Makleralltags aus. Strukturiertes Vorgehen und Kontaktpflege sind die eigentliche Kunst.
- Weil man die meiste Zeit für den Papierkorb arbeitet, sind 60- oder 70-Stunden-Wochen durchaus möglich.
- Wer die notwendigen Voraussetzungen und die Bereitschaft, hart zu arbeiten, mitbringt, hat jedoch den Schlüssel zu viel Geld in der Hand. Und zwar ohne, dass es dafür eine besondere Ausbildung bräuchte.

# 11

## Reichtum durch Ruhm

*Ruhm und Reichtum ohne Verstand*
*sind ein unsicherer Besitz.*
**Demokrit**

Berühmt zu sein hat schon so manchem weitergeholfen auf dem Weg zum großen Geld. Aber wie wird man überhaupt berühmt? Und warum? Normalerweise ist der Weg dahin hart und steinig. Entweder man versucht es mit Sport – aber um Fußballstar zu werden, ist es für mich ein paar Jahrzehnte zu spät. Mit Curling wiederum, das haben die vergangenen Olympischen Spiele gezeigt, kann man zwar auch noch berühmt werden, wenn man älter ist. Geld macht man damit allerdings nicht, sondern muss es vielmehr selber mitbringen, wie der Gruner + Jahr-Erbe John Jahr als Kapitän der deutschen Mannschaft beweist. Wie heißt es in Abwandlung eines Bonmots so schön: Um mit einer Randsportart ein kleines Vermögen zu machen, musste man vorher ein großes haben.

Auch andere Wege zur Berühmtheit sind steinig. Popstar? Schwierig, wenn man wie ich komplett unmusikalisch ist, einen Bauchansatz und schiefe Zähne hat. Hinzu kommt, dass ich Freunde habe, die sich seit Jahren auf diesem Terrain versuchen – vom Schlager bis zum Techno, vom Pop bis zum Hard Rock – und bisher weder den absoluten Hammersong komponiert haben, noch Fußballstadien mit ihren Shows füllen. Schauspieler? Auch nichts, was man über Nacht lernt –

und definitiv keine Garantie, um damit reich zu werden. Außerdem, und da drehen wir uns dann langsam im Kreis, hilft auch da ein Bauchansatz nicht unbedingt. Wer wiederum Politiker und als solcher auch noch reich wird, steht vermutlich mit einem Bein wegen Bestechlichkeit im Gefängnis. Also auch nicht so einfach.

War's das schon? Nicht ganz. In der heutigen Gesellschaft kann man es inzwischen relativ weit schaffen, ohne irgendetwas zu können. Paris Hilton oder Kim Kardashian als »It-Girls« – keine offensichtlichen Fähigkeiten, aber trotzdem überall gut bezahlt dabei – beweisen das genauso wie Reality Shows wie *Big Brother* oder das *Dschungelcamp*. Aus dem früheren Blechbieger Jürgen Milski etwa, der bei Ford am Fließband arbeitete, wurde durch seine Teilnahme an der zweiten Staffel von *Big Brother* ein Entertainer, der heute als Schlager- und Karnevalssänger, Moderator und Werbeträger nach eigenen Angaben 30 000 bis 50 000 Euro im Monat verdient. Singen oder Hochdeutsch kann er zwar immer noch nicht, aber das stört auch weiter niemanden. Und ganz ähnlich verhält es sich mit manchem Phänomen auf YouTube, der Plattform, auf der heute die Stars geboren werden.

Wem Namen wie LeFloid, Juliensblog, Gronkh oder Y-Titty noch nichts sagen, der muss an dieser Stelle der harten Wahrheit ins Auge sehen, dass er oder sie den größten Medientrend in der Jugendkultur komplett verpasst hat. Während verzweifelte Medienmacher und Politiker immer noch über die Neuausrichtung und den Bildungsauftrag des öffentlich-rechtlichen Fernsehens streiten und Sender sich an Quoten messen, ist eine der attraktivsten Zielgruppen längst ins Netz abgewandert. Bei den über 30-Jährigen hat der Fernsehkonsum über die Jahre kräftig zugenommen, bei den Jüngeren ist er zum ersten Mal überhaupt in der Geschichte radikal eingebrochen – bis zu zwei Stunden weniger als der Rest der Bevölkerung hängen sie vor dem Fernseher. Dafür glühen jeden Tag die YouTube-Kanäle einiger Anfang bis Mitte 20-jähriger Jungs und Mädels, womit sie den Kanälen – und denen, die sie vermarkten – locker sechsstellige Beträge pro Jahr in die Taschen spülen. Hier scheint wirklich großes Geld zu liegen.

Um das Phänomen auch nur im Ansatz begreifen zu können, lohnen sich vorweg ein paar Zahlen. LeFloid etwa hat Stand Dezember 2014 rund 2,2 Millionen Abonnenten seines wichtigsten YouTube-Kanals. Der Sportmoderator Frank Buschmann, der auch seit einiger Zeit seinen eigenen Kanal namens *Buschi.tv* betreibt und damit unter den Etablierten der wohl erfolgreichste ist, kommt auf etwas über 40 000 Follower. Jedes der Videos von LeFloid erreicht innerhalb von fünf Tagen mehr Zugriffe, als der CDU-Wahlwerbespot zur Bundestagswahl 2013 bis heute insgesamt erreicht hat. Und mit 570 000 Facebook-Likes hat LeFloid mehr, als alle etablierten Parteien zusammen. Auch große Namen aus dem Show Business, wie Jan Delay mit 395 000 oder Christina Stürmer mit 152 000, kommen nicht an den außerhalb seiner Zielgruppe weitgehend unbekannten LeFloid heran.

Genau die Zielgruppe, die 14- bis 29-jährigen, die LeFloid und andere »YouTuber« ansprechen, sorgt auch für deren finanziellen Erfolg. Nicht nur, indem sie fleißig ihre Videos anschaut, obwohl das alleine bei regelmäßig siebenstelligen Klick-Zahlen im Jahr schon sehr nennenswerte Beträge auf das Konto bringt, wie man von Insidern erfahren kann. Nein, die Stars der jungen Generation werden inzwischen auch von Netzwerken wie Mediakraft, tubeone oder GameStar & Friends gegen Abtretung von 30 bis 70 Prozent der Einnahmen hoch professionell vermarktet – und zwar weit über das hinaus, was man aus dem weitgehend regulierten Fernsehmarkt kennt. Dort ist Schleichwerbung, offiziell als Product Placement bekannt, nur erlaubt, wenn sie eindeutig gekennzeichnet ist. Im Netz stört es aber keinen, wenn die Jungstars zwischendurch mal auffallend lässig und mit dem Logo gut lesbar eine Energybrause trinken oder am Ende eines Videos ein Konsolenspiel, ein Handy oder eine Kamera einer besonderen Marke unter höchsten Lobpreisungen zur Verlosung stellen, ohne darauf hinzuweisen, dass die entsprechenden Firmen diesen Preis gesponsert und ihnen natürlich dafür auch ein nicht ganz kleines Dankeschön auf das ohnehin schon prall gefüllte Konto überwiesen haben.

Je mehr Werbevideos und Banner vor, während und nach den eigenen Clips zu sehen sind, desto lauter klingelt es also in der Kasse. Auch öffentliche Auftritte sorgen inzwischen für riesigen Auflauf – und können dem Veranstalter entsprechend in Rechnung gestellt werden. Wenn LeFloid und seine Kollegen sich für die Videodays an einem Samstag in der Lanxxess-Arena in Köln ansagen, sind die Karten, die bei 19,90 Euro anfangen, in Windeseile ausverkauft und die Halle ist mit kreischenden Teens und Twens gefüllt, die mit jeder Faser ihres Körpers dazu bereit sind, Veranstaltern und YouTubern viele weitere Euros ihres Taschengeldes in die Hand zu drücken. Merchandise ist hier das Stichwort.

Rund um die Szene haben sich auch in diesem Bereich Spezialisten angesiedelt, die die stetig wachsende Nachfrage bedienen. Verdankten Firmen wie EMP ihren Aufstieg noch den Rockgrößen der 80er, von AC/DC über Metallica bis hin zu Iron Maiden, setzt etwa die Firma Yvolve ganz auf die Internetgeneration. Von Anime- und Manga-Figuren, über Videospiele und TV-Serien, bis hin zu ebendiesen großen YouTube-Stars: zu all diesen Themen bekommt man dort Poster, Shirts, Taschen, Schlüsselanhänger und was einem sonst noch so einfällt. Für einen der großen Namen können da im Monat schon einmal 500 bis 1000 Shirts über die Theke gehen – und jedes Mal klingelt es bei allen Beteiligten wieder fröhlich in der Kasse.

Keine Frage: YouTube-Star zu sein, ist eine lukrative Angelegenheit. Umso mehr lohnt sich die Frage danach, was man tun muss, um ein solcher zu werden. Zunächst einmal gibt es Entwarnung für all diejenigen, die weder mit dem Körper noch mit dem Gesicht von David Beckham oder Scarlett Johansson ausgestattet sind: Die meisten erfolgreichen YouTuber kommen dem auch nicht allzu nahe. Der schon mehrfach erwähnte LeFloid ist vor allem mit einem eigenen News-Kanal erfolgreich. Oder besser: Mit einem Kanal, in dem er aktuelle Themen kommentiert, von Amokläufen bis zum Syrienkrieg. Dabei macht er – nach herrschender Diktion – so ziemlich alles falsch, was man falsch machen kann. Er redet zu schnell, fuchtelt wild mit den Armen, springt durch das Bild. Im Hintergrund stehen eine Star-Wars-Figur; Poster und DVDs sind zu erkennen, ebenso wie eine Zombie-Figur mit Sonnenbrille. Er selbst trägt regelmäßig eine Basecap und ein T-Shirt mit irgendeinem übergroßen Anime-Motiv. Aber, und das ist es, was uns interessiert: LeFloid verdient damit eine Menge, Menge Geld. Dabei war seine Aufnahme in eines der großen Netzwerke, in seinem Falle Mediakraft, wohl entscheidend. Hatte er laut Socialblade im Januar 2012 gerade einmal rund 90 000 Abonnenten bei YouTube, explodierte die Zahl ab dem Sommer desselben Jahres regelrecht. Und zwar ungefähr ab dem Zeitpunkt, ab dem er bei Mediakraft unter Vertrag war. Inzwischen hat LeFloid angekündigt, seine Vermarktung wieder selbst übernehmen zu wollen. Bei der Abonnentenzahl seines News-Kanals dürfte das kein Problem sein.

Ein anderes Erfolgsrezept zeigt Y-Titty. Das Comedy-Trio beglückt über drei Millionen YouTube-Abonnenten mit Sketchen, Streichen und Verballhornungen von bekannten Musik-Clips. Inzwischen liegen die gesamten Zugriffe auf ihre Videos bei etwa 650 Millionen. Wenn es für 1000 Klicks tatsächlich, wie kolportiert wird, etwa 1,50 Euro gibt, wären das alleine schon knapp eine Million Euro an Einnahmen nur über YouTube. Und man darf davon ausgehen, dass es sich darauf lange nicht beschränkt. Gronkh macht es sich noch leichter – und ist sogar noch erfolgreicher als die Jungs von Y-Titty. Was er dafür genau tun muss? Er nimmt seine Videospiel-Sessions auf und kommentiert diese. Anders gesagt: Er lässt sich dafür fürstlich bezahlen, dass man ihm beim Zocken zuschauen kann.

Der selbst in der Szene umstrittene Julien mit seinem Kanal Juliensblog analysiert Raptexte, die Bibel oder die Bild – und zwar in derbster Sprache. Seine Frauenfeindlichkeit ist inzwischen legendär, doch das hält zwei Millionen Menschen nicht davon ab, seinen Kanal zu abonnieren. Kontor.tv lädt Musikvideos hoch, die gerne über 100 Millionen Mal geklickt werden und die darauf spezialisiert scheinen, hübsche junge Frauen in Bikinis in Szene zu setzen. Daaruum wiederum könnte durchaus in einem dieser Videos mitspielen, gibt aber stattdessen ihren knapp eine Million Abonnenten – oder besser: Abonnentinnen – Schminktipps. Dabei bleibt es nicht nur bei Ansagen, wie viel Rouge man verträgt, sondern es wird auch mal erklärt, wie man sich zum Mann schminken kann.

Warum diese Aufstellung interessant ist? Nun, weil sie im Grunde zeigt, dass man mit so ungefähr allem auf YouTube erfolgreich sein kann. Wichtig ist nur die Relevanz des Themas für eine bestimmte Zielgruppe – im besten Falle junge Menschen mit Geld – und eine emotionale Aufladung. Besonders hilfreich scheint derzeit, sich an den Idealen der »New Sincerity«-Bewegung zu orientieren, also nicht alles perfekt auf Hochglanz zu bürsten und dabei die Authentizität zu verlieren, sondern das rüberzubringen, was einem wirklich auf dem Herzen liegt. Wer die erfolgreichen YouTuber verfolgt, wird immer auch Versprecher hören oder ab und an ein Bekenntnis, dass man selbst zu dumm war, an der richtigen Stelle auf die Aufnahmetaste zu drücken – und das, obwohl man es immer in der Hand hat, genau diese Teile einfach nicht zu senden. Für das klassische Fernsehen sind das NoGos, für die YouTube-Fans aber sind es die Gründe, die sie dazu bringen, ihre Stars gleich noch viel mehr zu mögen.

Das mag sich nun alles wie ein Selbstläufer anhören, wenn man sich nur entsprechend darum kümmert. Aber das ist es natürlich nicht. Wer nicht witzig ist, wird kaum mit Comedy erfolgreich sein, wer sich vor der Kamera nicht wohlfühlt, wird kaum die YouTube-Gemeinde in seinen Bann ziehen können.

Aber auch über die Frage nach dem richtigen Inhalt und der richtigen Präsentation hinaus gibt es Dinge, die beachtet werden müssen. Ohne eines der schon erwähnten großen Netzwerke im Rücken hat man kaum eine Chance, den Durchbruch zu schaffen. Die nehmen zwar einen ganz schönen Anteil an den Einnahmen, helfen einem aber auch auf allen möglichen Ebenen, von Copyright-Fragen oder der Kommunikation mit YouTube, über technische Fragen zur Produktion, bis hin zum Community- und Social Media-Management. Weiterhin sorgen sie ihrerseits für Traffic, indem sie die verschiedenen YouTuber, die sie unter Vertrag haben, die jeweils unbekannteren Kollegen vorstellen und empfehlen lassen. Mich erinnert das wieder an das Maklerbusiness und die Erkenntnis, dass ein kleinerer Prozentsatz von viel deutlich besser sein kann, als alles von nichts.

Selbstverständlich nehmen die Netzwerke nicht jeden einfach so auf, sondern erwarten zuvor den Beweis, dass der Kanal Potential hat. Ein paar tausend Aufrufe am Tag muss man dann schon haben, was ohne Hilfe (und ohne billige Tricks wie gekaufte Klicks) gar nicht so leicht zu erreichen ist. Eine große Zahl von »Freunden« bei Facebook oder Followern bei Twitter, über die man schnell eine Multiplikation der eigenen Videos hinbekommt – natürlich nur, wenn man es schafft, diese zu begeistern –, hilft beim Wachsen des Kanals sicher enorm. Zudem muss man ein Konzept haben, wie sich der Erfolg auch zukünftig sichern lässt. Wer das Glück hatte, seine Katze, seinen Hund oder sein Kind bei einer besonders lustigen Aktion zu filmen, kann vielleicht auf einen einmaligen viralen Erfolg hoffen und ein wenig Geld damit machen. Wer keine Antwort darauf hat, wo er ein zweites, drittes oder viertes Video mit ähnlichem Potential herbekommen soll, dem wird der ganz große Durchbruch wohl verwehrt bleiben.

Auch einen weiteren Punkt sollte man bei der Planung des finanziellen Erfolgs via YouTube als Unsicherheitsfaktor im Blick behalten: Die Plattform selbst. Im Netz finden sich immer wieder Beispiele, in denen gut gehende Kanäle über Nacht nicht mehr erreichbar waren – selbst einige der bekanntesten deutschen YouTuber hat es schon erwischt, darunter etwa Gronkh. Die Gründe dafür können vom Verdacht auf Urheberrechtsverletzungen bis hin zu tatsächlichen oder vermeintlichen Verstößen gegen die YouTube-Regeln gehen. Man glaubt gar nicht, wie schnell ein Video wegen ein paar Tonschnipseln, einer expliziten Wortwahl oder dem Verdacht auf Pornographie offline geht – amerikanische Firmen sind da einfach deutlich empfindlicher, als europäische.

Aber selbst wenn das nicht passiert, sorgen gute Klickzahlen auf Dauer nicht unbedingt für finanziellen Erfolg. Passt die Zielgruppe nicht ins Muster der werbenden Firmen, behält sich YouTube vor, die Partnerschaftsvereinbarung, die man abschließt, um von der geschalteten Werbung zu profitieren, wieder zu beenden. Das kann innerhalb kürzester Zeit geschehen und man ist dagegen weitgehend machtlos, wie verschiedene Berichte von Betroffenen zeigen. Wenn man vorher massiv in den Aufbau eines erfolgreichen Kanals investiert hat, steht man dann ziemlich im Regen. Das scheint auch einer der Gründe zu sein, warum immer mehr erfolgreiche YouTuber in ihren Videos versuchen, ihre Zuschauer auf ihre eigenen Homepages zu lotsen – denn dort haben sie selbst die Entscheidungsmacht darüber, was sie zeigen wollen.

Nichtsdestotrotz wird YouTube auf mittlere Sicht weiter der Platz sein, an dem sich die Szene trifft – und Geld macht. Tausende Videoblogger verdienten weltweit sechsstellige Beträge, lässt das Netzwerk gerne ausrichten, das sich ansonsten, was Zahlen und Zahlungen angeht, so weit es geht bedeckt hält. Wirklich spannend, das muss man wissen, wird es erst ab etwa 100 000 Abonnenten. Für eine solche Zahl braucht man selbst bei starkem Content und guter Vermarktung aus dem Stand sicher ein paar Jahre – das war auch bei LeFloid und Co nicht anders.

Ein weiteres wichtiges Kriterium, um auf Dauer auf You-

Tube erfolgreich zu sein, ist die Regelmäßigkeit. Wer eine gewisse Quote nicht leisten kann oder will, sollte seine Energie vielleicht in ein anderes Projekt stecken. Wenn man die ersten Abonnenten und ordentliche Zugriffsraten hat, muss man sich auch mit der Community auseinandersetzen, ihre Kommentare und Mails beantworten und im besten Fall ihre Kritik annehmen und in die nächsten Videos einbinden. Wer nicht gut mit Menschen umgehen kann, wird als YouTuber nicht reüssieren, auch wenn er seinen »Kunden« nur selten persönlich begegnen dürfte.

Trotz all dieser Einschränkungen ist YouTube ein Phänomen, mit dem sich richtig viel Geld verdienen lässt, und zwar ohne besondere Vorkenntnisse. Der Weg zum Erfolg ist zwar anspruchsvoll, aber bei weitem nicht so lang, wie der eines Schauspielers oder Comedians im Fernsehen oder Kino. Ich für meinen Teil habe bisher den Durchbruch noch nicht geschafft. Meine erfolgreichsten Videos stammen von einer von mir mitorganisierten Kampfsportveranstaltung und erreichen gerade einmal rund 2000 Zugriffe. Viel mehr werden es auch nicht mehr werden. Aber ich lasse nicht locker: Einen Pfeil habe ich noch im Köcher.

## Fazit

- Auf YouTube gibt es nichts, was es nicht gibt. Man kann dort fast mit allem irgendwie Geld verdienen, wenn man es richtig anstellt
- Der Weg zum Erfolg ist steinig, doch sobald man den Durchbruch geschafft hat, ist das wie eine Lizenz zum Gelddrucken. Vor allem die junge Zielgruppe ist attraktiv.
- Wichtig für einen Erfolg bei YouTube sind Ausdauer, Authentizität – und vor allem ein gutes, langfristig strapazierfähiges Konzept. Professionelles Denken und Handeln sind überlebensnotwendig.
- Das Ziel muss sein, bei einem der großen Netzwerke unter Vertrag genommen zu werden, weil man ab einem gewissen Punkt die anfallenden Arbeiten gar nicht mehr alleine erledigen kann.

# 12

## Warum nicht in die Ferne schweifen?

*Menschen mit einer neuen Idee
gelten so lange als Spinner,
bis sich die Sache durchgesetzt hat.*
**Mark Twain**

Seit einiger Zeit dürfen wir im Fernsehen Menschen beim Auswandern zuschauen. Goodbye Deutschland, Auf und davon oder Mein neues Leben heißen die Formate. Sie bieten einen Einblick in die Hoffnungen, die Menschen dazu bringen, alles hinter sich zu lassen und irgendwo anders einen Neuanfang zu wagen, aber auch in all die Enttäuschungen, die allzu oft nicht lange auf sich warten lassen. Wohl die meisten der über die Jahre begleiteten Menschen sind inzwischen wieder in Deutschland gelandet – und würden sich ihr Leben vor dem Ruhm zurückwünschen, weil die Schulden noch höher, der Job noch schlechter und die Familiensituation noch problematischer geworden ist. Einige sind immer noch an ihrem Auswanderungsziel, schlagen sich aber mehr schlecht als recht, oftmals ohne Kranken-, Sozial- oder Rentenversicherung durch – und bereuen insgeheim den Schritt. Sie lassen sich dafür belächeln und verhöhnen, dass die Realität nicht zu den großspurigen Ankündigungen und der Überheblichkeit gegenüber den Daheimgebliebenen passt, die ihre Auswanderung oftmals begleiteten. Einige allerdings schaffen tatsächlich das, was ihnen zu Hause immer verwehrt geblieben ist. Conny

Reimann etwa, einer der ersten, denen Deutschland beim Auswandern zuschauen durfte, scheint sein Glück mit seiner Ranch mit angeschlossenem Gästehaus in Texas gefunden zu haben. Auch finanziell. Damit lebt er einen Traum, der schon lange existierte, bevor man die Inspiration per Flachbild-Fernseher frei Haus bekam.

Es gab immer wieder Zeiten in der Geschichte, in denen normale Menschen von einem sozialen Aufstieg gar nicht träumen brauchten, weil er ihnen schon qua Geburt unmöglich war. Wenn dann auch noch besonders autoritäre Regime oder Hungersnöte dazukamen und irgendwo in der Ferne eine helles Licht zu brennen schien, war es kaum verwunderlich, dass dieses die Menschen anzog, wie die Motten. Im 19. Jahrhundert schwappten unglaubliche Geschichten über die Gebiete auf der anderen Seite des großen Teichs nach Europa und eine riesige Zahl von Menschen, die die Kriege, die Unterdrückung, den Hunger und die Unfreiheit leid waren, machten sich mit ihrem Hab und Gut, mit Kind und Kegel auf nach Amerika oder Brasilien, um dort ihr Glück zu suchen.

Einer unter ihnen, der das Image der neuen Welt verkörperte, war der kurpfälzische Bauernsohn Johann Jakob Astor. Er brach bereits 1783 auf und nach ihm wurde später das legendäre Walldorf-Astoria-Hotel benannt. Sein Pastor soll ihm im heimischen Walldorf die Worte mitgegeben haben, das Hinausgehen in die Welt sei »das Einzige, was dir übrig bleibt. Daheim hast du nichts, und Daheim wird aus dir Nichts als ein armer Schlucker.« Was Astor in der neuen Heimat so erfolgreich werden ließ, dass er nach heutiger Lesart reicher war, als Bill Gates, formulierte sein Biograph Alexander Emmerich: »Von anderen Einwanderern dieser Zeit unterscheidet ihn, dass er Englisch spricht, als er in New York ankommt, dass er sich nicht auf die deutsch-amerikanischen Kreise verlässt, sondern schnell Teil der amerikanischen Gesellschaft wird.«[viii] Astor nutzte also seine menschlichen Fähigkeiten, um die Basis für seinen Erfolg zu legen.

Auch viele, die ihm mit großen Hoffnungen folgten, fanden ihr Glück tatsächlich. Viele hatten aber auch ganz schnell wieder dieselben Probleme, wie in der alten Heimat, so wie die Kandidaten aus den Auswandererdokus auch. Schuld daran waren in Teilen falsche Versprechungen, in Teilen auch die eigene Unfähigkeit, aus den neuen Möglichkeiten etwas zu machen. Und daran hat sich seit den Auswandererströmen im 19. Jahrhundert nicht viel geändert. Zwar hat der Traum, das ganze Elend hinter sich zu lassen, irgendwo in der Ferne noch einmal neu anzufangen und im besten Fall unendlich reich zu werden, während die Füße im Sand stecken und einen die Sonne schön bräunt, mal mehr und mal weniger Konjunktur. Und natürlich ist die Neigung, den Aufbruch zu wagen, immer auch davon abhängig, wie es zu Hause gerade läuft. Deutschland etwa hat sich trotz des im weltweiten Vergleich eher nicht überzeugenden Wetterprofils inzwischen wieder zu einem Einwanderungsland entwickelt, während Spanien, das einstmalige Traumziel der Deutschen, viel von seiner Attraktivität eingebüßt hat. Nicht vermeintlicher Müßiggang, sondern gute Arbeit scheint viele Menschen derzeit anzuziehen. Vielleicht, weil sich langsam herumspricht, dass das Land, wo Milch und Honig fließen, und zwar am besten auch noch ohne eigenes Zutun, bisher nicht entdeckt wurde.

Trotz allem, es gibt sie, die Beispiele, die es auch ohne großen Auftritt und kostenlose Werbung durch die übertragenden Fernsehsender geschafft haben, sich in einer ganz anderen Ecke der Welt das aufzubauen, was ihnen zu Hause wohl verwehrt geblieben wäre. Mario Bauer, ein 43-jähriger Österreicher, ist so ein Beispiel. Dabei war sein Weg zum Eigentümer von acht Lamborghinis sicher nicht vorbestimmt, als er irgendwo in der Steiermark auf die Welt kam. Seine Eltern hatten es nie leicht, Geld hatten immer nur die anderen. Schon mit 15 Jahren verließ Mario sein Elternhaus, um im Tirol in einem Fünf-Sterne-Hotel der Hotelgruppe Steigenberger seine Kochausbildung zu beginnen. 1000 Schilling, umgerechnet etwa 75 Euro gaben ihm seine Eltern mit auf den Weg, und das war es dann auch. Ab dem Moment war er auf sich allein gestellt und musste sich mit den 3000 Schilling, die er als Ausbildungsvergütung erhielt, durchschlagen. »Mein Ziel war damals nicht, reich zu werden. Daran war gar nicht zu denken«, erinnert er sich. »Aber ich wollte mir nicht mehr dauernd Sorgen machen müssen, und um das zu schaffen, war ich auch bereit, hart zu arbeiten.«

Heute, 18 Jahre später, trägt Mario die langen Haare zum Zopf gebunden und muss nur selten lange Hosen oder Schuhe tragen – Shorts und Flip-Flops taugen auch als Arbeitskleidung. Er ist Besitzer der Ark Bar auf der thailändischen Ferieninsel Koh Samui. Dabei handelt es sich nicht etwa um eines der vielen mehr oder weniger gutgehenden Hotels, die sich über die ganze Insel verteilen, sondern um *den* Treffpunkt überhaupt für alle Jungen und Junggebliebenen. 327 Zimmer, drei Swimming Pools, zwei Restaurants und vier Bars warten am Strand direkt im Zentrum von Koh Samuis Hauptstadt Chaweng auf ausländische Besucher auf der Suche nach Sonne, Spaß, gutem Essen und guten Drinks in einer hochwertigen Atmosphäre. Das war allerdings nicht immer so.

Bevor Mario die Ark Bar im Jahr 2001 pachtete, bestand sie aus nicht viel mehr als ein paar Schirmen am Strand, wo man das gleiche Bier und Essen bekam, was man auch überall sonst bestellen konnte. Die Vorbesitzer waren irgendwann nicht mehr in der Lage gewesen, die Miete und die ausstehende Rechnungen zu bezahlen und mussten schließen. Ein halbes Jahr hatte der Laden bereits leer gestanden, niemand schien an sein Potential zu glauben. Man konnte also wahrlich nicht von einem Selbstläufer sprechen. Aber Mario schaffte es, aus dem heruntergekommenen Laden ohne Atmosphäre einen Menschenmagneten und ein florierendes Wirtschaftsunternehmen mit Millionenumsätzen zu machen. Und das als Ausländer in einem fremden Land. Da fragt man sich natürlich, wie das funktionieren konnte.

»Ich habe mir von Anfang an überlegt, wie ich mich von

der Konkurrenz absetzen könnte«, erklärt Mario. Die Antwort war, eine echte Beach Bar zu schaffen, einen Ort, an dem sich ab dem späten Nachmittag diejenigen treffen, die in netter Atmosphäre nicht nur liegen und lesen, sondern sich langsam für die abendlichen Partys warmflirten und warmtanzen wollten. Vorher gab es nur den etwas heruntergekommenen Chic für Rucksacktouristen, die nur auf den Preis achteten und denen Qualität egal war. Genau in diese Lücke stieß Mario mit der Ark Bar – und profitierte über die Jahre auch davon, dass sich die Insel insgesamt entwickelte und inzwischen Touristen mit jedem Budget anlockt.

Nun kennen wir also das Erfolgsrezept der Ark Bar. Doch wie genau schaffte es Mario vom armen Koch-Azubi in Österreich zuerst zum Bar-Besitzer und schließlich zum millionenschweren Hotelier im Golf von Thailand? Die vordergründige Geschichte ist schnell erzählt, die dahinterliegenden Überzeugungen, Begegnungen, Entscheidungen und auch die Rolle des Glücks lohnen allerdings eine nähere Betrachtung. Für Mario ging es nach der Ausbildung zunächst in die Schweiz, was finanziell schon einen Schritt nach vorn bedeutete. Dort hielt es ihn nicht lange, denn die Neugier auf das, was die Welt noch zu bieten hatte, war riesig. Das Geld für das große Reisen fehlte allerdings noch, weshalb er einen Job brauchte, bei dem er gewissermaßen für das Reisen bezahlt wurde. Was lag da näher, als ein Job auf einem Kreuzfahrtschiff?

»Ich habe ja kein Problem mit Arbeit«, bemerkt Mario mit Blick auf die 15-Stunden-Schichten, die er dort über viele Jahre, mit einer kurzen Unterbrechung, schrubben musste. Dafür kam er herum, lernte kontinuierlich dazu, stieg bis zum Küchenchef eines großen Kreuzfahrtschiffs auf – und verdiente noch dazu ordentliches Geld, und zwar steuerfrei. Warum er den Job nicht einfach weitergemacht hat? »Ich hatte immer einen extrem hohen Qualitätsanspruch und bekam von der Geschäftsführung zunehmend Personal, mit dem ich nicht arbeiten konnte. Wenn einer in der Küche den Unterschied zwischen Gurken und Tomaten nicht kennt, was willst du mit dem anfangen?«, erinnert er sich. »Immer öfter waren das für mich Horrortrips!« Und so musste eines Tages der Moment kommen, an dem Mario genug hatte und nach einer neuen Herausforderung suchte. Dass es diesmal etwas eigenes sein sollte, war auch klar. »Sonst wäre ich ausgeflippt!«, lacht Mario heute über seine damalige Stimmungslage.

Was aber mindestens genauso klar war: Diesmal sollte das Ganze ohne Schulden ablaufen. Waren seine Eltern noch fast immer im Soll gewesen, hatte er von dieser Medizin nur einmal gekostet, nämlich in der kurzen Pause, die er sich zwischen seinen Kreuzfahrtengagements genommen hatte. Damals hatte er versucht, ein Hotel aufzumachen, ohne allzu viel Vorbereitung, ohne klares Konzept, ohne echte Analyse. Und entsprechend schnell war dieses Abenteuer auch vor die Wand gefahren. Sein ganzes Erspartes war weg und noch dazu drückten ihn 250 000 Schilling Schulden. »Das Gefühl war für mich die Hölle«, erinnert er sich noch heute mit Schrecken. »Deshalb gab es für mich damals nur eins: zurück aufs Schiff, arbeiten wie bekloppt und jeden Groschen so schnell wie möglich abbezahlen.«

Dabei kam ihm ein Wesenszug zugute, von dem er überzeugt ist, dass er wesentlich dafür verantwortlich war, ihn dahin zu bringen, wo er heute steht: Sparsamkeit. Immerhin rund 75 000 Euro hatte er sich über die Zeit angespart, eine Summe also, mit der man etwas anstellen konnte – ohne sich darauf ausruhen zu können. Nun fehlte nur noch die richtige Idee am richtigen Ort. Das Herz sagte zwar Brasilien, aber dort war die Unsicherheit damals zu groß, niemand wusste, wie es weitergehen würde. Am Ende war es der Tipp eines Freundes, der Mario nach Koh Samui brachte, das damals kurz vor einem großen Entwicklungssprung stand.

Mario gefiel es auf der Insel, und er begann langsam Kontakte zu knüpfen und sich nach Möglichkeiten umzuschauen. Der erste Laden war eine Bar in Chawengs Partystraße, »einfach nur Drinks, keine Küche, keine Prostituierten«, wie Mario betont. Und dann ergab sich irgendwann die Möglichkeit, die Ark Bar zu übernehmen. Dabei war vor allem auch Marios Geschäftspartnerin, die damals noch seine Freundin war, sehr wichtig, sprach sie doch Thai und konnte die wichtigen Dinge mit Handwerkern, Behörden und Lieferanten in der Landessprache klären. Dazu, und das hält Mario für eines ihrer Erfolgsgeheimnisse, teilte sie sein Verständnis von Sparsamkeit, Qualität und Seriosität. Und das ist wahrlich nicht selbstverständlich in einem Land, in dem so viele vermeintliche Liebe für Geld suchen – und am Ende oftmals ohne beides dastehen.

Seine Geschäftspartnerin ist für Mario allerdings auch ein Beleg dafür, wie wichtig Glück auch für diejenigen ist, die hart arbeiten. »Ich habe ja damals nicht nach einer Geschäftspartnerin gesucht, sondern bin mit einer Frau zusammengekommen, die ich mochte. Dass die auch noch Business konnte und mich nicht in die Pleite geritten hat, das war Glück«, sagt er heute mit Überzeugung und Dankbarkeit gleichermaßen. Ansonsten ist er davon überzeugt: Jedem begegnet das Glück ein paarmal im Leben. Den Unterschied macht dann, wer in der Lage ist, es zu erkennen und auch zuzupacken, und wer nicht. »Warten alleine reicht einfach nicht.« Da ist er sich sicher.

Also hieß es anpacken. Aber auch was das angeht, hält sich Mario seit jeher an ein paar Grundregeln. »Ich fasse nur an, was ich auch kann«, sagt er etwa. »Und ich schaue genau hin, wenn andere etwas für mich erledigen sollen«, ergänzt er. Gerade in Ländern, in denen Qualität nicht besonders großgeschrieben wird, ist es seiner Meinung nach wichtig, sich daran zu halten. Und er hat das in der Ark Bar penibel befolgt, war beim Legen jeder Wasser- und Stromleitung dabei und ist auch heute noch regelmäßig an der Rezeption, im Pool Bereich, an der Bar und besonders in der Küche, um seinen Angestellten über die Schultern zu schauen.

Mario weiß, dass er die Anlage nicht aus der Hand geben

darf, sich nicht zurücklehnen kann, wenn er will, dass es auch in Zukunft rundläuft. Das ist auch der Grund, warum er sich auf den einen Standort konzentrieren und nicht weitere Niederlassungen eröffnen will. »Man kann ja nur an einem Ort zur gleichen Zeit sein«, lacht er. Aber dass das Wachstum seines Geschäftsmodells damit begrenzt ist, scheint ihn auch nicht weiter zu stören. Man soll ja nicht gierig werden. Mario ist es nicht. Und auch die Sparsamkeit hat er nie abgelegt, auch wenn er sich natürlich heute manches gönnen kann, was früher unmöglich gewesen wäre. Reine Konsumartikel interessieren ihn jedoch bis heute nicht. Wofür er bereit ist, Geld auszugeben? »Für gutes Essen«, sagt er, der gelernte Koch, »weil einem das die Energie gibt, die man als Unternehmer braucht.« Und Autos natürlich, insbesondere Lamborghinis.

Der neunte Lamborghini ist gerade geliefert worden: ein Aventador, also das neueste Modell, mit einem Listenpreis ab etwa 300 000 Euro. Aber natürlich auch diesmal nicht die Basisversion. »Rechtsgesteuert, Cabrio, Geburtstagsausgabe. Davon werden nur vier Stück überhaupt produziert werden«, erklärt Mario. Auch dahinter steckt ein kluger strategischer Gedanke, denn damit ist fast garantiert, dass das Schmuckstück irgendwann in der Zukunft deutlich mehr wert sein wird als heute. Spaß verknüpft mit einer langfristigen Investition – nichts für jedermann, alleine schon wegen des dafür notwendigen Kleingelds. Aber sicher nicht die dümmste Idee, von der ich bisher gehört habe.

»Ich muss mir ja auch langsam Gedanken über die Rente machen«, lacht der 43-Jährige. Um dann nachzuschieben, dass er eigentlich gar nicht vorhat, mit dem Arbeiten wirklich aufzuhören. Er scheint sein Leben so zu mögen, wie es ist. Und das kann ich durchaus nachvollziehen. Ob er allen, die ihm nachzueifern gedenken, zum Schluss noch einen Tipp mitgeben will? Er will, und nicht nur einen. »Grundsätzlich kann das, was ich getan habe, jeder«, ist er überzeugt. »Man muss nur bereit sein, sich intensiv mit den Dingen zu beschäftigen, die vielleicht am wenigsten Spaß machen.« Dazu gehören Vertragsangelegenheiten und Zahlen. Denn was bringt einem ein gutes Händchen für die Einrichtung eines Hotels, wenn man vom Vermieter, dem Partner oder dem Staat über den Tisch gezogen wird, weil die Verträge nicht wasserdicht sind? Und was bringt es einem, wenn man tolle Gerichte zaubern kann, das Restaurant aber pleitegeht, weil man die Preise und die Kosten nicht im Griff hat?

Ob Thailand heute noch ein guter Ort ist, um einen ähnlichen Schritt zu wagen, wie er vor 13 Jahren? Da ist sich Mario unsicher. »Die besten Plätze sind natürlich inzwischen weg«, gibt er zu bedenken. »Aber es gibt schon immer wieder Leute, die es mit einem guten Konzept auch heute noch schaffen.« Bei einer Sache ist er sich aber ganz sicher: »In Länder wie Thailand auszuwandern lohnt sich nur, wenn man vorhat, selbst als Unternehmer sein Glück zu suchen. Angestellte Ausländer verdienen hier viel zu wenig, um glücklich zu werden.« Das ist doch eine klare Aussage. Und dann verabschiedet sich Mario. »Ich muss mal wieder schauen, was meine Leute so treiben«, sagt er. Und man merkt, das ist nicht lästige Pflicht, sondern innerer Antrieb. Er hat es zwar längst geschafft, aber der Hunger auf Erfolg ist immer noch da. Wahrscheinlich ist das sein größtes Erfolgsrezept überhaupt.

Es gibt noch einen zweiten, ganz anderen Aspekt am Auswandern, der zumindest eine kurze Erwähnung wert ist. Dazu zunächst ein Gedankenspiel: Für jemanden, der in Deutschland sein Geld verdient und ungefähr die Hälfte davon an Steuern an den Staat abdrückt, wäre es durchaus lukrativ, wenn diese Ausgabe minimiert würde, oder? Wer gut verdient und sich ausgerechnet hat, dass er 20 Jahre braucht, um sich zur Ruhe setzen zu können, bräuchte ohne einen angenommenen durchschnittlichem Steuersatz von 50 Prozent plötzlich nur noch 10 Jahre auf den persönlichen Renteneintritt zu warten. Schnelles Geld ist das vielleicht noch nicht unbedingt, in dem Sinne dass man über Nacht reich wird. Und wenn man seinen

Job nicht gerne macht, kann sich so eine Frist ganz schnell wie lebenslänglich hinter Gittern anfühlen. Aber wer würde schon nein sagen, wenn er so ein Angebot bekäme?

Nun könnte man zunächst glauben, dass diese Möglichkeit gar nicht besteht. Selbst wer in die Schweiz geht, muss zwar einen niedrigeren Steuersatz zahlen, aber ganz um Abgaben an den Fiskus kommt man eben doch nicht herum. Und wer möchte schon sein Leben lang in einem der »echten« Steuerparadiese leben, die meistens in der Wüste oder auf irgendwelchen kleinen Inseln zu finden sind, wo es mehr angemeldete Stiftungen und Briefkastenfirmen als Menschen gibt? Und dort nur sein Geld zu parken, in der Hoffnung, dass der Staat es schon nicht merken wird, ist spätestens seit dem Fall Hoeneß als äußerst riskantes Geschäftsmodell entlarvt. Was bleibt also?

Es gibt tatsächlich einen Entwurf, der es einem ermöglicht, sein Leben lang vom lästigen Steuerzahlen befreit zu sein. Und zwar legal und weltweit. Denjenigen, auf den das zutrifft, nennt man einen »Perpetual Traveller«, einen pausenlos Reisenden also. Erik ist so einer. Er heißt eigentlich anders, will aber lieber anonym bleiben. Erik ist zwar Deutscher, hat aber schon während des Studiums die Basis für eine internationale Karriere gelegt. Nach Stationen an verschiedenen Stellen auf der Welt wechselte er irgendwann zu einem staatlichen Unternehmen in den Vereinigten Arabischen Emiraten. Dort wurde er nicht nur exzellent bezahlt, sondern kam auch in den Genuss der dort gültigen unschlagbar niedrigen Einkommensteuer, die bei ganzen null Prozent liegt.

Nach einigen äußerst lukrativen Jahren begann er, sich in der Wüste der arabischen Halbinsel furchtbar zu langweilen. Daher kündigte er, wohlwissend, dass er auf sein dickes Auto, seine Villa mit Pool und Tennisplatz und die allabendlichen Schlemmereien in den Luxusrestaurants des Emirats verzichten konnte. Mit dem angesparten Geld und weiterhin fließenden Beratungshonoraren würde er sich auch anderswo auf der Welt ein ordentliches, wenn nicht luxuriöses Leben leisten können. Aber auf seinen Einkommenssteuersatz wollte er deshalb noch lange nicht verzichten. Und dann stellte er zu seiner Erleichterung fest, dass er das ja auch gar nicht musste.

Was kaum jemand weiß: Man bleibt immer am Ort seines letzten festen Wohnsitzes steuerpflichtig. Und zwar so lange, bis man irgendwo anders steuerpflichtig wird. Wann das der Fall ist, definieren die Länder selbst. Als Daumenregel lässt sich aber festhalten: Solange man in keinem Land jenseits seines ursprünglichen Steuerwohnsitzes mehr als sechs Monate pro Jahr verbringt, ändert sich nichts und man bleibt vom lokalen Fiskus verschont, zumindest bis auf ein paar nervige Fragen zur eigenen Lebenssituation. Für Erik stellt diese Regelung kein Problem dar: »Ich verbringe sowieso vier bis fünf Monate im Jahr damit, die Welt zu erkunden. Und den Rest des Jahres pendele ich aus persönlichen und geschäftlichen Gründen zwischen den Emiraten, Deutschland, Asien und den USA.« Es ist nicht schwer auszurechnen, dass er dabei kaum Probleme hat, in jedem der Länder die maximale Zeit, die er dort verbringen kann, deutlich zu unterschreiten.

Wie man es dreht und wendet – und wie man es moralisch auch immer bewerten mag, dass jemand sich nirgends auf der Welt an der Instandhaltung von Verkehrsinfrastruktur, Schulen oder der öffentlichen Verwaltung beteiligt: Als Perpetual Traveller kann man das eigene monetäre Ziel schneller und einfacher erreichen. Um diesen Plan in die Tat umsetzen zu können, braucht man jedoch zunächst einen Job in einem der Steuerparadiese und muss diesen zumindest so lange ausüben, wie es braucht, um dort formal steuerpflichtig zu werden. Das mag für viele die höchste Hürde sein, weil sich die entsprechenden Länder nicht über mangelnde Bewerberzahlen beschweren können und bei der Auswahl derer, die sie ins Land holen, sehr selektiv sind.

Für all diejenigen, die nicht vorhaben, ihr Leben auf Dauer irgendwo in der Wüste zu verbringen und ihre Kinder dort zu erziehen, ist vermutlich ein anderer Grund die größere Hürde: Nicht jeder kann und will immer unterwegs sein. Ich würde sogar vermuten, dass die meisten derjenigen, die vom schnellen Geld träumen, sich damit sehr bürgerliche Träume verwirklichen wollen, frei nach dem Motto »Mein Haus, mein Auto, mein Boot«. Ein Ferienhaus, gerne. Und wenn es für ein paar Wochen mehr an Urlaubsreisen reicht, ist das doch super. Aber immer nur ein paar Wochen, ein paar Monate am Stück am selben Platz? Wer das nicht spannend findet, der taugt definitiv nicht zum Perpetual Traveller und sollte es lieber mit einem anderen Ansatz versuchen.

Bei mir scheitert die Idee derzeit daran, dass ich das notwendige Kleingeld leider nicht mitbringe, um in einer der Steueroasen mein eigenes Business anzumelden. Aber vielleicht bin ich ja irgendwann mal ganz vorne mit dabei, wenn sich Nordkorea öffnet. Das dürfte spannend werden.

# Fazit

- Tatsächlich ist manches einfacher in der Ferne – aber manches ist eben auch schwieriger. Grundsätzlich gilt: Man sollte etwas draufhaben, wenn man es schaffen will – egal wo man es versucht.

- Gerade in Ländern aus einem anderen Kulturkreis ist ein lokaler Partner in der Regel alternativlos. Diesen zu finden ist nicht immer einfach. Sich dabei Zeit zu nehmen und genau hinzuschauen, zahlt sich oftmals aus.

- Auch beim Auswandern gilt die Regel: Wenn alle darüber reden, ist es meistens zu spät. Es gibt noch Orte auf der Welt, an denen es verborgene Potentiale gibt. Aber die werden immer seltener. Auch hier gilt daher: Genau hinschauen ist Pflicht.

- Wenn man es schafft, als Perpetual Traveller der Einkommenssteuer auf Dauer zu entkommen, ist man zwar nicht reich, wird es aber im Zweifel deutlich schneller.

Ein paar
haben wir
noch …

Man heilt Leidenschaften nicht durch Verstand,
sondern nur durch andere Leidenschaften.
**Carl Ludwig Börne**

Es gibt noch ein paar Ideen, die es zum Schluss nicht mit einem eigenen Kapitel ins Buch geschafft haben, aber knapp davor waren. In jedem Fall sollen sie zumindest kurz angerissen werden, auch weil sie zeigen: Es gibt da draußen noch so viele Geschichten vom schnellen Geld, die erzählt werden wollen. Zunächst geht der Blick auf ein Beispiel, das die hochgesteckten Erwartungen, was sein Potential angeht, bis heute nicht erfüllt hat. Ja, auch das gibt es. Als das Internet zum ersten Mal so richtig Gas gab und noch unglaubliche Preise für Klicks auf Werbebanner bezahlt wurden, waren sich die Experten einig: Blogger können mit ihren Blogs in Zukunft richtig Geld verdienen. Zu der Zeit hieß es aber auch noch, dass freie Internetjournalisten bald den klassischen Journalismus komplett ablösen würden. Dazu ist es nicht gekommen; auch bin ich Bloggern, die mal ganz nebenbei reich geworden sind, bisher nicht begegnet. Einige derjenigen, die sich seit Jahren im Spitzenbereich der Blog-Rankings halten, können von ihrer Arbeit wohl ganz gut leben. Aber die Bloggerei ist da auch nichts anderes als ein Full-Time-Job – wer sich eine Auszeit gönnt, eine Zeitlang nicht in Interaktion mit seinen Lesern tritt, sich nicht um Anzeigen und Product Placement kümmert, ist ganz schnell weg vom Fenster.

Dafür stehen tausende und abertausende Blogleichen im Netz, die von den gescheiterten Versuchen ihrer Betreiber zeugen, Aufmerksamkeit und damit die Basis für gutes Geld zu generieren. Unter diesen befinden sich übrigens auch einige Blogs jüngeren Datums, die versucht haben, großes Geld damit zu machen, dass sie andere dabei zusehen und mithelfen lassen wollten, wie sie großes Geld machen. Hört sich ziemlich verrückt an, ist es auch. Aber das Internet ist ja auch ein verrückter Ort – und daher wundert es auch nicht, dass so etwas in der Vergangenheit sogar einmal geklappt hat. Alex Tew, ein damals 21-jähriger Student aus dem Westen England stellte unter www.milliondollarhomepage.com eine Webseite ins Netz, auf der man Pixel kaufen konnte. Je mehr man davon kaufte, desto mehr konnte man aus diesen machen – am Ende sah die Seite wie ein großes schwarzes Brett aus, auf der Werbung von großen Unternehmen neben philosophischen Bemerkungen von Freundeskreisen zu lesen waren. Und immer mehr Menschen wollten aus den verschiedensten Gründen dabei sein, je mehr darüber berichtet wurde. Eigentlich ging es dabei nur darum, dass Alex Tew mit diesem Ansatz die eine Million knacken wollte, und das verschwieg er auch nicht, im Gegenteil. Nur für die wenigsten Investoren dürfte es sich gelohnt haben, auf der Seite Werbefläche zu kaufen, aber damals, 2005, war das eben ein Hype, bei dem man dabei sein wollte. Alex Tew hat es geschafft und wurde innerhalb weniger Monate zum Millionär. Ja, die Gründerzeiten des Internets waren gute Zeiten. Wiederholen lässt sich das heute aber so leicht nicht mehr, aber ab und an ergeben sich doch wieder Chancen – und dann muss man eben bereit sein und zugreifen.

Es gibt natürlich auch noch ein paar Beispiele »normaler« Jobs, die hier eine Erwähnung verdient haben. Da ist etwa – vielen als Beruf zum schnellen Geld nicht weiter bekannt – der Kapitän zur See, egal ob nun auf einem Containerfrachter oder auf einem Kreuzfahrtschiff. Ersteres hat den Vorteil, dass man sein Geld verdient, ohne dass man allzu viel kommunizieren muss. Der Nachteil ist, dass man meistens ziemlich alleine ist und Frauen auf Deck eine echte Seltenheit sind. Zweiteres hat den Nachteil, dass man den ganzen Tag kommunizieren muss, aber die schnieke Uniform hilft im Zweifel natürlich dabei, den reichlich vorhandenen Frauen beim Captain's Dinner zu imponieren. Ich stelle mir das immer ein wenig so vor wie in der 80er-Jahre-Serie *Love Boat* oder wie beim *Traumschiff*. Dort wird der Kapitän nur recht selten in Verantwortung, sehr oft aber in netter Gesellschaft gesehen. Nicht schlecht eigentlich, insbesondere vor dem Hintergrund, dass man in solch einer Position auf jeden Fall mit einem sechsstelligen Jahresgehalt rechnen darf. In Wahrheit ist es allerdings durchaus harte Arbeit – und der Weg bis hin zum Kapitän eines eigenen Schiffes ist lang. Ausbildung oder Studium, dann Zwischenstationen als Nautischer Wachoffizier und erster Nautischer Offizier – und am Ende hängt es auch von der Reederei ab, bei der man angestellt ist.

Als Kapitän in der Luftfahrt, inzwischen auch nur noch Pilot genannt, verdient man zumeist noch deutlich besser – und Uniformen gibt es da ja auch. Allerdings sind die Anforderungen dort noch höher. Von denen, die das notwendige Abitur haben und sich tatsächlich bewerben, schaffen nur etwa 30 Prozent den grundsätzlichen Fähigkeitsnachweis. Von jenen, die angenommen werden, wird bei der größten deutschen Fluggesellschaft Lufthansa ein Ausbildungseigenanteil von 70 000 Euro erwartet. Und ein Gehalt bekommt man während des Lehrgangs auch nicht. Von schnellem Geld kann man da also auch nur sehr beschränkt reden. Manchmal hat man aber auch Glück, etwa wenn man zur richtigen Zeit am richtigen Ort ist. Als vor ein paar Jahren der indische Luftraum rasend schnell erschlossen wurde, schoss auch die Zahl der indischen Airlines in die Höhe. Nur gab es natürlich viel zu wenige Piloten. Ein Bekannter von mir bewarb sich, wurde genommen und verdiente in einem Land, in dem ein Essen nicht einmal einen Euro kostet, plötzlich 300 000 US-Dollar. Mit 23 Jahren. Inzwischen hat sich der Markt auch in Indien normalisiert. Aber vielleicht gibt es ja bald ein anderes Land, das sich öffnet? Womit wir wieder bei Nordkorea wären.

Einige andere Berufe, über die ich im letzten Jahr gestolpert bin, brauchen deutlich weniger Voraussetzungen, verlangen einem aber ebenfalls eine Menge ab. Baumpflanzer in Kanada ist einer dieser Jobs. Hört sich nach Abenteuerurlaub in netter Umgebung mit viel frischer Luft an. Ist aber ungefähr das härteste, was man so machen kann. 2000 bis 3000 Bäume muss man pro Tag in die Erde bringen, in schlimmster Hitze oder im Regen, bei kaltem Wind und mit nassen Füßen. Damit es nicht langweilig wird, quälen einen Stechmücken, Wespen, Hornissen und anderes Viehzeug – und der Chef macht einem auch noch richtig Dampf, ist ja immerhin Akkordarbeit. Indes: Man braucht dafür überhaupt keine Voraussetzungen außer Durchhaltewillen und kann in den wenigen Monaten, in denen der Job ausgeübt werden kann, locker über 10 000 Euro im Monat verdienen. Gerade bei Studenten ist diese Art des Gelderwerbs daher besonders beliebt – und inzwischen steht sie auch Ausländern offen.

Nicht ums Pflanzen, sondern ums Ernten geht es bei einer weiteren Möglichkeit, gutes und schnelles Geld zu verdienen. Die Rede ist von Perlentauchern, vor allem vor der Westküste Australiens, rund um das abgelegene Örtchen Broome. Diese suchen dort im offenen Wasser nach Muscheln, in denen dann später auf Farmen Perlen gezüchtet werden. Klar, ohne Tauchschein geht da nicht viel. Und es sollte vielleicht auch nicht nur der sein, der einen gerade einmal zum Tauchen im heimischen Gartenteich befähigt. Vielmehr ist eine mehrmonatige Ausbildung als Commercial Diver Voraussetzung. Noch dazu muss man körperlich fit sein – und bereit, sein Leben zu riskieren, in großer Tiefe, heftigen Strömungen ausgesetzt, in Gewässern, die mit Haien bevölkert sind. Ein gutes Auge hilft auch, denn die Muscheln schreien und winken ja nicht, um auf sich aufmerksam zu machen. Daher werden gerne Taucher mit Erfahrungen als Speerfischer angeheuert. Mit bis zu 700 Euro am Tag wird man sehr ordentlich entlohnt. Jedoch nur, wenn man es in das »Drift Team« schafft – ansonsten taucht man in den Farmen und erledigt dort die Drecksarbeit, und zwar für gerade einmal ein Fünftel des Lohnes. Seit einigen Jahren sind die finanziellen Anreize deutlich gesunken, was für eine Abwanderung der erfahrenen Taucher und einige Todesfälle bei deren unerfahrenen Nachfolgern gesorgt hat. Fazit: Hört sich zwar spannend an, ist aber deutlich zu schlecht bezahlt, um irgendwo in der Pampa sein Leben zu riskieren.

Als allerletztes Beispiel will ich noch eine kleine Geschichte erzählen, die der von Voltaire und der Lotterie gar nicht unähnlich ist. Man schrieb das Jahr 1999 und der amerikanische

Ingenieur David Phillips machte beim Puddingessen eine überraschende Entdeckung: Für den Konsum eines Puddings einer gewissen Marke konnte man sich Bonusmeilen bei einer Luftfahrtgesellschaft gutschreiben lassen, die ein Vielfaches des Wertes des Puddings hatten. Konnte das sein? Es konnte! Bevor die Puddingfirma oder die Airline ihren Fauxpas bemerkten, hatte David Phillips 12 150 Becher Pudding im Wert von 3000 US-Dollar gekauft – und sich mit den Barcodes Flugmeilen im Wert von rund 150 000 Dollar gutschreiben lassen. Man darf wohl davon ausgehen, dass Phillips und seine Familie bis heute regelmäßig ziemlich günstig Urlaub machen.

Ich mag dieses Beispiel ganz besonders, deshalb steht es auch am Ende. Denn es zeigt ganz wunderbar, dass sich jedem von uns immer wieder Möglichkeiten eröffnen. Aber eben nur, wenn wir mit offenen Augen durchs Leben gehen. All die Beispiele in diesem Buch stehen stellvertretend für viele weitere Optionen, mit denen man gutes Geld verdienen kann. Sie sollten mehr Inspiration als Anleitung sein. Und vor allem sollten sie auch ein kleines bisschen Spaß machen.

Ein kritischer Blick

*Nicht alles, was glänzt, ist Gold.*
**Wiiliam Shakespeare**

Natürlich ist nicht alles Spaß auf dem Weg zum großen Geld, das dürfte an verschiedenen Stellen deutlich geworden sein. Ganz überraschend ist das natürlich nicht, wenn man einen Blick in die Geschichtsbücher wirft. Die negativen Seiten des Glücksspiels etwa sind seit der Zeit der Germanen durch Tacitus dokumentiert, der berichtete, dass diese beim Würfelspiel selbst im nüchternen Kopf soweit gingen, ihre eigene Freiheit mit einem Wurf aufs Spiel zu setzen und sich im Falle einer Niederlage widerspruchslos einem Leben als Sklave zu fügen. In Riga mussten im 14. Jahrhundert die Herrscher einschreiten und den Bauern verbieten, Nahrungsmittel als Pfand im Spiel einzusetzen – ganz verbieten wollte man es nicht, weil man damals schon recht gute Steuereinnahmen mit der Spielsucht der Leute generieren konnte. Und im 15. Jahrhundert musste man in Wien gar das Verbot aussprechen, um Körperglieder zu spielen.

An dieser Stelle möchte ich daher noch einmal explizit ein paar eher nachdenkliche Worte verlieren, bevor ich dann den großen Schlussstrich unter das Projekt ziehe. Eine wichtige Erkenntnis ist: Nach viel Geld zu streben ist nur in gesicherten Verhältnissen sinnvoll. In einem Krisenstaat mit sechsstelligen Inflationsraten macht es keinen Sinn, sich um Geld zu bemühen, das ein paar Stunden später schon nichts mehr wert ist. Genauso wenig Sinn macht es, die Garantie des Eigentums, die in der westlichen Welt gegeben ist, zu nutzen, um genau dieses aufs Spiel zu setzen.

Wenn man sich dann aber doch auf den Weg macht, wenn man bereit ist, etwas zu riskieren, dann sollte man sich auch dabei an gewissen immer wiederkehrenden Wahrheiten orientieren. Es gibt diesen schönen alten Satz, man solle während eines Goldrausches nicht Goldgräber werden, sondern in Spaten und Hacken investieren – »Schaufeln statt schaufeln« also gewissermaßen. Dass dieser Ansatz tatsächlich nicht ganz so dumm ist, habe ich während meiner Recherchen auch immer wieder feststellen dürfen. Und ganz ehrlich: Dass sich dieses

Prinzip so offensichtlich herauskristallisiert, hätte ich wirklich nicht geglaubt.

Bei der Steinsuche und bei der Förderung nach Öl mag das noch recht intuitiv sein, gibt es doch gewisse Parallelen zum Thema Gold. Wer auf einer Ölplattform arbeitet, mag gut verdienen. Die Eigentümer der Plattformen aber schreiben regelmäßig Milliardengewinne, die sie dann an Führungskräfte und Aktionäre weiterleiten, die alle eines gemeinsam haben: Sie haben sich weder die Finger schmutzig gemacht noch ihr Leben riskiert. Bei der Schatzsuche allerdings ist es schon nicht mehr ganz so offensichtlich. Trotzdem sind auch hier die sicheren Gewinner nicht diejenigen, die nach den Schätzen suchen – und sie im Zweifel direkt wieder abliefern müssen –, sondern diejenigen, die den Schatzsuchern Detektoren, Pinpointer und Literatur verkaufen.

Beim Lotto gibt es immer wieder einzelne Glückliche, die die Wahrscheinlichkeit bezwungen und die richtigen Zahlen getippt haben. 100 pro Jahr sollen es in etwa sein. Nach dem sicheren Gewinner im Hintergrund muss man allerdings auch nicht lange suchen: Die Veranstalter der Lotterien haben schon lange bevor die Zahlen feststehen ihren Schnitt gemacht hat. Und auch einige der Fußball-Weltmeister von 1954 wie Werner Liebrich oder Max Morlock wussten schon, warum sie lieber das Angebot annahmen, Lotto-Annahmestellen zu betreiben, als sich ab und an ein Los zu kaufen.

Im Bereich der Gewinnspiele sind zumindest die Gewinnspiel-Clubs, die Anbieter von Glücksspielmagazinen oder Glücksspielseiten im Internet als Profiteure zu nennen – und natürlich diejenigen, die mit den Daten der Teilnehmer fröhlich Handel treiben. Quizshows wiederum sind für die Fernsehsender ein Quotengarant – und damit Magneten für werbende Unternehmen. Und so geht es weiter.

Auch der beste Spieler ist beim Poker nicht vor einer Serie von »Bad Beats«, also unglücklich verlorenen Händen, sicher und kann ganz schnell viel Geld verlieren, zumindest kurzfristig. Dem Veranstalter des Turniers oder, in Online-Kategorien gedacht, dem Anbieter der Spielplattform, ist jedoch vollkommen egal, wer gewinnt und wer verliert. Er hat seinen Schnitt mit dem Einsatz schon gemacht, und zwar nicht zu knapp.

Wettanbieter sind da sogar noch brutaler, sie nehmen sich ihren Anteil nicht an den Einsätzen, sondern suchen sich einfach aus, mit wem sie spielen wollen – und garantieren damit, dass sie immer auf der Gewinnerseite stehen. Auch an der Börse gilt: Die Anbieter von Handelsplattformen, aber auch von Zertifikaten oder anderen Derivaten, machen ihren Schnitt auch dann, wenn man als Kunde das Erbe der Oma und die Hypothek auf das Haus der Eltern verzockt. Und natürlich verdient auch YouTube an jedem Klick mit, wenn Teenies sich die neuesten Videos ihrer Idole reinziehen und mit Werbung berieselt werden.

Auch wer jeden Abend ins Casino geht und trotzdem immer gewinnt, ist sicher nicht Spieler, sondern vermutlich Croupier. Ein Beruf übrigens, der heute zwar oft von Studenten ausgeübt wird, die sich auf angenehme Weise ihr Studium finanzieren, früher aber angesehenen Persönlichkeiten aus dem Adelsstand, der Beamtenschaft oder dem Militär im Ruhestand vorbehalten war. Der Grund dafür war die Überzeugung, dass es diesen deutlich angemessener sei, das Spiel zu machen und damit gut zu verdienen, als selbst zu spielen und zu bankrottieren. Die Reihe der Beispiele ließe sich ohne Probleme noch lange fortsetzen.

Es scheint viel schwerer zu sein, zu schnellem Geld zu kommen, wenn man sich den Regeln anderer unterwirft und »spielt«, als wenn man sie selbst setzt oder ihre Einhaltung überwacht. Unternehmertum und Kapital – oder auch: auf Seiten der Unternehmer und Kapitalisten zu stehen – sind und bleiben am Ende offenbar doch die besten Voraussetzungen, um irgendwann finanziell abgesichert in den Sonnenuntergang reiten zu können. Der Anbieter gewinnt also immer – und die Bank sowieso. Und dafür muss sie gar nicht selbst ins Geschehen eingreifen, es reicht ja, wenn sie die Kredite zur Verfügung stellt, die etwa Spielsüchtige brauchen, um weiterzuspielen, bis wirklich gar nichts mehr da ist. Daran hat sich über die Jahrhunderte nichts geändert. Und dafür mitverantwortlich ist ein Protagonist, dessen Rolle in diesem Buch schon mehrfach kritisch beleuchtet wurde: der Staat.

Der hatte schon immer eine ambivalente Beziehung zu all den Menschen da draußen, die sich etwas einfallen lassen, um schnell viel Geld zu verdienen. Auf der einen Seite braucht er sie, weil sie Steuern zahlen und damit den ganzen Apparat am Laufen halten. Auf der anderen Seite ist er ihnen gegenüber aber misstrauisch, versucht ihre Ideen zu zähmen, sie zu kontrollieren und zu steuern. Das kann von der Ausgestaltung der Steuergesetze über die Erfindung von Auflagen bis hin zu Verboten gehen. Der Zeitgeist treibt das Geschehen einmal in die eine, einmal in die andere Richtung. Und man weiß nie, was sich die Bürokraten als nächstes einfallen lassen. Auch an dieser Stelle gilt: Allzu viel hat sich über die Jahrhunderte nicht verändert.

Am Beispiel des Glücksspiels kann man ziemlich gut nachvollziehen, wie der Prozess normalerweise abläuft. Dort war es nämlich so, dass auf das Aufkommen von Würfelspielen zuallererst mit Gleichgültigkeit, dann aber mit voller Härte reagiert wurde. Kaum dass ein Spiel erfunden war, wurde es auch schon wieder verboten. Zunächst zumindest. Begründet wurde dies regelmäßig mit der Moral, die im Umfeld der Spieltische besonders unter Druck zu geraten schien. Die weltlichen Herrscher konnten das nicht dulden, weil das Spielervolk vermeintlich schwerer zu kontrollieren war. Danach dauerte es normalerweise nicht allzu lange, bis die Regeln wieder gelockert wurden, weil man die Spielleidenschaft des Volkes nicht vollends unterdrücken konnte. Der nächste Schritt war damit auch schon absehbar: Wenn man etwas nicht verbieten kann, versucht man selbst davon zu profitieren. Es ist daher kaum überraschend, dass nicht nur die ältesten bekannten Spielverbote in Venedig ausgesprochen wurden, sondern 1522 am selben Ort auch das erste Staatsmonopol eingeführt wurde.

Was zunächst für das Würfelspiel galt, wiederholte sich nach der Erfindung des Buchdrucks auch für das Kartenspiel. Die ersten Kartensteuern wurden bereits 1581 in Frankreich eingeführt. Eine Abgabe übrigens, die es auch in Deutschland lange gab und die erst am 1. Januar 1981 wieder abgeschafft wurde. Die Kreativität, die man an den Tag legte, um »die wirtschaftliche Ausbeutung der natürlichen Spielleidenschaft des Publikums unter staatliche Kontrolle und Zügelung zu nehmen«, wie es in der offiziellen Begründung zur Einführung des Glücksspielmonopols formuliert wurde, kannte über die Jahrhunderte kaum Grenzen. Die Kreativität der Bürger zur Umgehung der daraus resultierenden Regelungen allerdings ebenso wenig.

Nicht nur der Staat hatte beim Thema Glücksspiel übrigens immer schon seine Hände im Spiel, auch die Kirchen nahmen immer wieder Einfluss. So erklärte man das Spiel als von Teufels Hand geschaffen und kreierte neben den schon etablierten Sauf- und Hurenteufeln auch gleich noch den Spielteufel. Nur konsequent wurden Casinos und Spielhäuser dann auch eine Zeitlang als Teufelskirchen bezeichnet. Dass die Kirchenleute sich dabei selbst schwertaten, die hohen moralischen Ansprüche zu erfüllen, die sie vertraten, überrascht heutzutage wohl kaum. Anekdotisch soll aber zumindest eine Posse erwähnt werden, bei der im Prag des Jahres 1379 ein Priester des Nächtens aufgegriffen wurde, als er nackt auf dem Weg nach Hause war, nachdem er im Spielhaus nicht nur sprichwörtlich sein letztes Hemd verspielt hatte. Dass Kirchenleute, wenn sie nicht gerade selbst zockten, mit Tipps und Tricks, Wahrsagen und Beten durchaus auch ihren Schnitt mit der Spielleidenschaft der Menschen machten, wenn es sich gerade anbot, wurde ja weiter oben schon ausgeführt.

Ähnliches wie beim Spiel gilt übrigens auch bei der Schatzsuche. Wer sich im Mittelalter ohne kirchlichen Beistand auf die Suche nach Schätzen machte, musste damit rechnen, dass ihm unterstellt wurde, er hätte sich dabei der Magie bedient – eine eher ungesunde Zuschreibung, für die die Beschuldigten nicht selten auf dem Scheiterhaufen landeten. Aber auch wer den örtlichen Kirchenmann zu Rate zog, und diesem natürlich seinen heiligen Anteil zukommen ließ, war noch nicht unbedingt auf der sicheren Seite, gerade in der Zeit der aufgeheizten Auseinandersetzung zwischen Katholiken und Protestanten. Da reichte es im Zweifel schon, dass der Vertreter der nicht beteiligten Kirche dem Amtsträger der anderen seinerseits vorwarf, die Suche im Bunde mit schwarzen Mächten betrieben zu haben. Nicht nur einmal mussten Kirchenmänner daraufhin Hals über Kopf ihren Bezirk verlassen. Und nicht nur einmal wurden sie im Zweifel gemeinsam mit dem Schatzsucher auf dem Scheiterhaufen »gegrillt«, wie Johannes Dillinger in seinem Buch *Auf Schatzsuche*[ix] wunderbar beschreibt. Andererseits muss man den Kirchen auch dankbar sein, haben sie mit ihren Auseinandersetzungen doch dafür gesorgt, dass viele Schätze erst vergraben wurden – und es heute überhaupt etwas zu finden gibt. Weil Mönchen ihre Reichtümer nach der Reformation plötzlich nicht mehr opportun erschienen – oder sie einfach Angst um ihren Kopf hatten.

Heutzutage ist der Einfluss der Kirchen und des Staates bei weitem nicht mehr so groß, wie er einmal war. Man kann sich den Moralvorgaben ebenso entziehen, wie allzu strikten Regeln oder allzu hohen Steuern. So können dauerhaft erfolgreiche Pokerspieler ihre Gewinne in Österreich anmelden, wo sie – im Gegensatz zu Deutschland – nicht versteuert werden müssen. Das eröffnet neue Möglichkeiten, die in manchen Bereichen schon genutzt wurden – ich denke da an die Anbieter von Sportwetten, die aus der Alpenrepublik heraus den deutschen Markt aufgerollt haben –, in Teilen aber vielleicht auch noch brachliegen. In echte Schaufeln zu investieren lohnt sich heute sicher nicht mehr. Aber man muss ja auch nicht immer alles wörtlich nehmen.

Was alles bleibt

*Um es im Leben zu etwas zu bringen,*
*muss man früh aufstehen,*
*bis in die Nacht arbeiten – und Öl finden.*
**Jean Paul Getty**

Nach einer mehr als einjährigen Odyssee, quer durch so unterschiedliche Felder wie die Edelsteinsuche, Glücksspiele oder das Pokern, nimmt man natürlich nicht nur allgemeingültige Erkenntnisse, sondern auch eine ganze Menge persönlicher Eindrücke mit. Was hat diese Erfahrung mit mir gemacht? Und was davon wird bleiben? Bevor ich diese Fragen beantworten will, steht aber noch eine andere im Raum, die einmal der Ausgangspunkt des ganzen Projektes war – und auf die ich daher zunächst eingehen will. Wie verhält es sich denn nun mit dem schnellen Geld? Und welche Empfehlungen kann ich nach all den Erfahrungen geben?

Ich bin am Ende der Reise davon überzeugt: Grundsätzlich kann man fast in jedem Bereich reich werden, auf den man persönlich Einfluss nehmen kann. Unterschiedlich schnell zwar, und auf Basis sehr unterschiedlicher Anforderungen. Und nein, ein schneller Reichtum über Nacht, der ist tatsächlich nicht planbar. Aber im Grunde ist es in den meisten Fällen einfach eine Frage des Willens – und der realistischen Selbsteinschätzung. Wer mit Menschen kann, sollte das einsetzen. Wer mit Zahlen kann, sollte aus dieser Fähigkeit etwas machen. Auch ein breites Allgemeinwissen, eine gewisse Ausdauer, der Wille zum Risiko oder starke Nerven lassen sich gewinnbringend nutzen.

Ich bin fast versucht zu sagen: »Man muss sich nur trauen!« Aber wenn ich ein wenig länger darüber nachdenke, dann ist mir das fast schon wieder zu platt. Die wirklich erfolgreichen Menschen, mit denen ich gesprochen habe, sind zwar alle auf ihre Art mutig. Sie haben ihr Leben in die Hand genommen, treffen ohne mit der Wimper zu zucken wichtige Entscheidungen unter Unsicherheit und gehen auch durchaus Risiken ein. Allerdings sind sie gleichzeitig hoch kontrolliert, warten auf den richtigen Augenblick, auf die richtige Situation und fordern das Schicksal eben nicht mit Harakiri-Aktionen derart heraus, dass es eigentlich nur schiefgehen kann.

Alle, ganz gleich ob der Steinhändler in Brasilien, der Trader, der Pokerprofi, die YouTuber, der Unternehmer in Thailand oder auch der erfolgreiche Makler in Ostdeutschland, haben – bewusst oder unbewusst – ein ausgefeiltes Risikomanagement. Keiner von ihnen legt alle seine Eier in einen Korb, macht sich von einer Karte, einer Situation oder einem Kunden abhängig. Sie alle sind außerdem in dem, was sie tun, richtig gut – echte Maniacs, würde man auf Englisch sagen. Und ich würde sagen: Ohne Perfektionismus geht es wirklich nicht. Dazu gehört auch, dass man in der Lage ist, Rückschläge zu verdauen, aus ihnen zu lernen, vielleicht sogar noch stärker zurückzukommen, als zuvor. Mario Bauer, der Hotelier aus Thailand, setzte zunächst ein Hotel in den Sand, bevor er den Durchbruch schaffte. Und Ralf Oberänder musste während der Finanzkrise eine lange Durststrecke überstehen, steht dafür aber heute glänzend da. Diese Erkenntnis ist eigentlich nicht neu, aber vielleicht mit der Zeit ein wenig aus der Mode gekommen.

Außerdem, und auch das ist vielleicht nicht neu, ruht sich keiner von denjenigen, mit denen ich gesprochen habe, auf dem Erreichten aus – selbst wenn es ginge. Mario Bauer müsste nie wieder arbeiten, aber er genießt es trotzdem, jeden Tag seine Anlage noch ein wenig besser zu machen. Wer einmal reich ist, der hat es ja eigentlich geschafft. Lustigerweise wird das Leben in manchen Punkten sogar billiger, wenn man etwa in den Lounges der Fluggesellschaften umsonst zu essen und zu trinken bekommt, während die anderen Menschen sich zu übeteuerten Preisen auf eigene Kosten eindecken müssen. Aber wer beginnt, diesen Luxus nicht mehr zu schätzen und daran zu arbeiten, dass es so bleibt, lebt heute in der falschen Zeit. Unsere heutige, sich immer rascher verändernde Welt verlangt unentwegt nach Neuem – nach neuen Ideen, neuen Techniken, neuen Strategien. Stehen zu bleiben, kann sich eigentlich niemand leisten. Aber die gute Nachricht ist: Man muss eigentlich nur immer so weitermachen, wie man angefangen hat. Die Fähigkeiten, die man braucht, um oben zu bleiben, sind dieselben, die man braucht, um nach oben zu kommen.

Wer nun tatsächlich den Versuch für sich wagen will, aber auch nach der Lektüre dieses Buches nicht sicher ist, wo er ansetzen soll und welches Feld das richtige ist, der kann sich vielleicht an meinem Plan orientieren. Und der sieht so aus, dass ich einige der Ideen parallel weiterverfolgen will, anstatt alles auf ein Pferd zu setzen. Statt einer abschließenden Antwort auf die Frage nach dem »entweder – oder« habe ich mich lieber für ein beherztes »sowohl – als auch« entschieden – und zwar nicht aus Jux und Tollerei, sondern weil ich tatsächlich glaube, dass das der Schlüssel zum Erfolg sein kann.

Was ich damit genau meine? In diesem Buch sollte an verschiedenen Stellen deutlich geworden sein, dass man schon mit ein wenig Übertreibung ganz schnell das Gegenteil von dem erreichen kann, was man eigentlich will. Und in unserem Falle wäre das doppelt bitter, denn das Gegenteil von schnellem, gutem Geld ist, auf Dauer kein Geld zu haben. Mit einem Beispiel wird das Problem vielleicht noch ein wenig klarer: Hätte ich zu Anfang der Recherchen einfach all mein Geld genommen, alles andere hinter mir gelassen und mich mit Haut und Haar dem Pokern, den Sportwetten oder dem Aufbau eines YouTube-Kanals gewidmet, ohne parallel dieses Buch und ein paar andere Projekte weiterzutreiben, mit denen ich bisher meinen Lebensunterhalt verdient habe, hätte es gut sein können, dass ich am Ende alles losgewesen wäre, noch bevor ich wirklich verstanden hätte, wie der Hase läuft.

Klar, wer tagsüber etwas anderes tut, kann sich nur abends mit seinem Weg zum Pokerweltmeister beschäftigen. Aber wie heißt es so schön: Von nichts kommt nichts. Und bevor man die Beine den ganzen Tag über ins warme Wasser auf den Bahamas hängen kann, muss man eben Gas geben. Warren Buffet, Bill Gates, Mark Zuckerberg und Co sind auch nicht damit reich geworden, dass sie faul und risikoscheu waren, ganz im Gegenteil. Mein Weg ist daher: hart arbeiten, so dass die

Miete, das Essen und ein kleiner Urlaub bezahlt sind – und den Überschuss, und sei er auch noch so klein, nutzen, um damit etwas auf die Beine zu stellen.

Ich werde weiter Pokern, ohne es zu übertreiben. Und ich glaube fest daran, dass ich irgendwann so gut sein kann, dass es auch einmal für einen richtig großen Pot reicht. Ich werde mich mit Daniel weiterhin austauschen und tiefer in die technische Analyse einsteigen, um an der Börse meinen Schnitt machen zu können. Vielleicht versuche ich es auch einmal mit einem ganz neuen, skalierbaren Geschäftsmodell – »Schaufel statt schaufeln«, das Motto will ich mir schon zu Herzen nehmen. Und natürlich versuche ich weiterhin mein Glück bei Quizshows.

Ich will mein Leben noch mehr als bisher in die eigene Hand nehmen, nicht darauf warten, dass ich irgendwann »meine Chance« bekomme, sondern nach ihr suchen, sie aus ihrem Versteck zwingen – und dann nachschauen, ob sie nicht vielleicht noch ein paar Geschwister hat. Denn wer sagt denn, dass jeder nur eine große Chance im Leben bekommt? Ich will zupacken, wenn ich Gelegenheiten entdecke, aus denen man etwas machen kann. Und wer weiß, vielleicht verdiene ich mir damit ja das Glück, das ich brauche, wenn ich zwischendrin doch einmal einen Lottoschein ausfülle oder ein paar Euro in ein Gewinnspiel investiere? In einem Bildnis der Fortuna von Christoph Schwarz aus dem späten 16. Jahrhundert steht auf ihrem Segel »Jeder ist seines Glückes Schmied«. Vielleicht hat die Dame also doch ein ganz klein wenig Sympathie für diejenigen, die sich aufraffen und etwas probieren?

Am Ende eines solchen Projektes steht natürlich nicht nur die Frage nach den finanziellen Perspektiven, sondern auch danach, was man ansonsten mitgenommen hat. Und ich würde sagen, das ist eine ganze Menge. Erstens habe ich viele Dinge erleben dürfen, die mir sonst verborgen geblieben wären. Zweitens habe ich viel über mich selbst gelernt; meine Stärken und Schwächen habe ich heute vermutlich so deutlich vor Augen wie nie zuvor. Und drittens bin ich durch die Recherchen, vor allem aber durch die zahlreichen Gespräche mit spannenden und inspirierenden Menschen zu Erkenntnissen gekommen, die mich wirklich überrascht haben.

Eine Erkenntnis, die ich mit der Quizshow-Königin Meike Winnemuth teile, ist die, dass man sich oft viel mehr Dinge gönnen und erlauben kann, als man selbst denkt. Oder anders gesagt: Manches, von dem man glaubt, dass man es erst tun kann, wenn man reich ist, wäre mit ein wenig Planung und etwas Mut auch jetzt schon möglich. Vor allem dann, wenn man einigermaßen flexibel und ungebunden ist. Während man sich in Hamburg quälen muss, um die stetig steigenden Lebenshaltungskosten aufzubringen, kann man manche Arbeit inzwischen auch vom portugiesischen Peniche, dem thailändischen Koh Samui oder dem brasilianischen Salvador aus erledigen. Die Kosten dort sind deutlich niedriger als in Deutschland. Zumindest wenn in Deutschland Winter ist, fühlt man sich im Süden wie ein sehr, sehr reicher Mann, wenn man nach getaner Arbeit noch eine Runde am Strand spazieren geht.

Aus dem Gespräch mit dem Immobilienmakler Ralf Oberänder habe ich die Erkenntnis mitgenommen, dass es eine Stärke sein kann, wenn man mit einem Nein umgehen kann. Wenn man zehnmal den Mut zusammennimmt, jemanden anspricht und die Antwort dann acht- oder neunmal nein ist, dann kann das frustrierend und dabei trotzdem lukrativ sein. Wenn man allerdings aus Angst vor dem Nein gar nicht erst fragt, ist die Antwort automatisch immer nein. Und das ist auf gar keinen Fall profitabel.

Eine weitere Erkenntnis ist die, dass alleine die Auseinandersetzung mit dem Thema dieses Buches mir auch gesellschaftlich durchaus etwas gebracht hat. Wenn ich von meinen Recherchen und Erlebnissen, Eindrücken und Gesprächen erzählte, konnte ich mir sicher sein, dass Bekannte und Fremde gleichermaßen an meinen Lippen hingen. So gute Partygespräche wie in den letzten Monaten habe ich wirklich selten geführt. Und es ist tatsächlich ein schönes Gefühl, wenn man merkt, wie die Augen eines Gesprächspartners zu glänzen beginnen und man sich sicher sein kann, dass man gerade mit ein paar Worten jemanden zum Träumen angeregt hat. Manche Anekdote und Perspektive in diesem Buch haben sich durch genau diese Dialoge übrigens erst ergeben. Und auch an Ideen für neue Projekte mangelt es überhaupt nicht. Was beweist: Wenn man etwas Spannendes zu erzählen hat, inspiriert man seine Umgebung – und die zahlt es einem ihrerseits mit Inspiration zurück.

Was mir im Rahmen des Projektes »Schnelles Geld« noch einmal besonders bewusst geworden ist: Manchmal bringt es ja auch etwas, die Dinge von hinten zu denken. Wo will ich einmal stehen, und was muss ich dafür tun? Wie will ich leben, und was brauche ich dafür? Am Ende des Lebens, und davon bin ich ganz fest überzeugt, bringt einem all das Geld nichts, wenn man nicht gleichzeitig etwas hat, worüber man glücklich ist, auf das man mit Stolz, vielleicht auch mit einem Kichern zurückschauen kann. Die Erlebnisse von heute werden eines Tages Erinnerungen sein, von denen man zehrt. Und wenn man daran glaubt, dann muss man sich um genau die Erlebnisse bemühen, die man als Erinnerung ernten will. Da verhält es sich nicht anders als mit dem Geld. Auch um dieses muss man sich bemühen. Man muss Fortuna eine Chance geben, muss investieren, bevor man sich an den Ergebnissen erfreuen kann. Im besten Fall schafft man beides gemeinsam.

Meine Jagd nach dem schnellen Geld ist zwar noch nicht abgeschlossen. Aber ich habe fröhlich investiert und beginne nun zu ernten. Selten war ich dabei so optimistisch und voller Freude wie heute. Nein, der Weg ist nicht das Ziel. Doch wenn man den Weg beschreitet, der zum Ziel führt, wer sollte einen davon abhalten, ihn zu genießen?

# Danksagung

Auch wenn es sich wie eine Standardformel anhören dürfte, die man in fast jedem Buch lesen kann: Für dieses Werk gilt in besonderer Weise, dass es nur durch die Mithilfe vieler Menschen entstehen konnte. Da sind zunächst natürlich all diejenigen, die mich direkt an ihren Erfahrungen von der Jagd nach dem schnellen Geld haben teilhaben lassen, namentlich und in der Reihenfolge ihrer Nennung Odulio und Pedro, die Neves-Brüder, Oscar, Daniel Kläy, Guy, Axel York Thiel-von Kracht, Nikolaus Graf Sandizell, Leena und Lennart Pundt, Florian Berg, Meike Winnemuth, Johannes, Daniel, Arne Schmidt, Alexander W. F. Quooß, Ralf Oberänder, Volker Beisel, Mario Bauer und Erik.

Darüber hinaus haben aber noch viele weitere Menschen mir mit Ideen, Recherchen, Kontakten oder anderen wertvollen Informationen weitergeholfen. Dies waren Lisa Schwaiger, Caroline Jebens, Wilfried van Laaten, Detlef Guertler, Florian Pauly, David Pieper, Stefan Kaus, Jens Reinhard, Holger Klapproth, Pamela Dansoh und einige weitere Kontakte, die hier aus unterschiedlichen Gründen nicht genannt werden können oder wollen, deren Unterstützung deshalb aber nicht weniger wertvoll war. Dazu kommen viele anonyme »Informanten« aus Internetforen zu Glücksspielen, Schatzsuche, Poker, Börse, Sportwetten oder Quizshows.

Nicht immer dürfte allen klar gewesen sein, dass sie mit ihren teils lustigen, teils traurigen, immer aber spannenden Anekdoten zu diesem Buch beitragen – auch weil es mir zum jeweiligen Zeitpunkt noch nicht unbedingt bewusst war. Ich hoffe allerdings, dass sie alle ihren Spaß am Ergebnis haben werden und sich vielleicht an der einen oder anderen Stelle wiederfinden.

Ganz besonderer Dank gilt wie immer meiner Agentin Hanna Leitgeb. Und ein ebenso herzliches Dankeschön geht auch an den Verlag, insbesondere an meine Lektorin Maria und Verlagsleiter Jürgen Diessl, die mir vom ersten Tag große Wertschätzung entgegengebracht haben und so eine Arbeitsumgebung geschaffen haben, in der es wirklich Spaß machte, den Geheimnissen des schnellen Geldes auf den Grund zu gehen.

# Quellen

i    Michael Kohtes: *Va banque. Über Glücksspieler und Spieler-glück*, Berlin 2009.

ii    Lev N. Tolstoi: *Tagebücher Bd. 1, 1847–1887*, Berlin 1978.

iii    André Kostolany: *Kostolanys Börsenseminar. Für Kapital-anleger und Spekulanten*, Düsseldorf 1997.

iv    Ulrike Näther (Hrsg.): *Volles Risiko! Glücksspiel von der Antike bis heute*, Karlsruhe 2008.

v    Markus Pönitz: *Wie knacke ich den Jackpot? Tipps und Tricks aus 10 000 Gewinnspielen*, Berlin 2011.

vi    Meike Winnemuth: *Das große Los: Wie ich bei Günther Jauch eine halbe Million gewann und einfach losfuhr*, München 2013.

vii    Ulrike Näther (Hrsg.): *Volles Risiko! Glücksspiel von der Antike bis heute*, Karlsruhe 2008.

viii    Alexander Emmerich: *John Jacob Astor: der erfolgreichste deutsche Auswanderer*, Stuttgart 2009.

ix    Johannes Dillinger: *Auf Schatzsuche. Von Grabräubern, Geisterbeschwörern und anderen Jägern verborgener Reichtümer*, Freiburg 2011.

*Dark Horse Innovation*

## Thank God it's Monday!

Wie wir die Arbeitswelt revolutionieren

Mit Illustrationen von Henriette Rietz.
Klappenbroschur.
Auch als E-Book erhältlich.
www.econ.de

**Damit Arbeit nicht der blöde Teil des Lebens ist**

Jeder träumt von Arbeit, die Spaß macht und sinnvoll ist. Dark Horse weiß, wie es geht: In der von 30 jungen Leuten gegründeten Berliner Agentur für Innovationsentwicklung gibt es Ideen-Sprints statt Meeting-Marathons und rotierende Ämter statt Hierarchien. Sie setzen konsequent auf Selbstentfaltung und kooperative Zusammenarbeit, Flexibilität und Digitalisierung und werden so zum Trendsetter der neuen Arbeit im 21. Jahrhundert.

*»Die neue Bibel der Generation Y.«*
WirtschaftsBlatt

Econ

Martin Hellweg

# Safe Surfer
52 Tipps zum Schutz
Ihrer Privatsphäre im
digitalen Zeitalter

Klappenbroschur
Mit Illustrationen von Dirk Meissner
Auch als E-Book erhältlich
www.econ.de

*»Wir rasen mit 300 Tausend Kilometern pro Sekunde über die Datenautobahnen, wissen aber noch viel zu wenig darüber, wie wir uns ausreichend vor Unfällen schützen.«*

Jeder von uns kann in Zeiten von Google, Facebook und NSA Opfer eines digitalen Anschlags werden. Safe Surfer ist ein praktisches, effizientes Präventionsprogramm für den Nutzer mit IT-Grundkenntnissen. Mit zahlreichen Fallbeispielen und konkreten Ratschlägen für Laptop, Tablet und Smartphone rüsten Sie sich gegen unerlaubte Überwachung, Datenklau, Trickbetrug und Hackerangriffe.

Econ